20 Day
高分手绘

U0172982

景观快题设计

表现方法与案例评析

高杰 编著

编委：李森 刘家旺 付晶晶

华中科技大学出版社
http://www.hustp.com
中国·武汉

图书在版编目(CIP)数据

景观快题设计表现方法与案例评析 / 高杰编著．－武汉 ：华中科技大学出版社，2022.10
ISBN 978-7-5680-8396-6

Ⅰ．①景… Ⅱ．①高… Ⅲ．①景观设计 Ⅳ．①TU983

中国版本图书馆CIP数据核字(2022)第111040号

景观快题设计表现方法与案例评析 高杰 编著
JINGGUAN KUAITI SHEJI BIAOXIAN FANGFA YU ANLI PINGXI

出版发行：华中科技大学出版社（中国·武汉）	电话： (027) 81321913
武汉市东湖新技术开发区华工科技园	邮编： 430223

策划编辑：彭霞霞	责任监印：朱 玢
责任编辑：彭霞霞	封面设计：大金金
录 排：张 靖	

印 刷：武汉精一佳印刷有限公司
开 本：889 mm×1194 mm 1/16
印 张：11.5
字 数：110千字
版 次：2022年10月第1版第1次印刷
定 价：79.80元

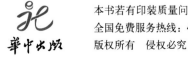

本书若有印装质量问题，请向出版社营销中心调换
全国免费服务热线：400-6679-118 竭诚为您服务
版权所有 侵权必究

闲庭信笔 拙匠筑心

作为一名优秀的景观设计师，不仅要掌握电脑绘图技能，也要掌握手绘技能。随着电脑在设计领域被运用得越来越广泛，手绘设计的方式被弱化了。电脑代替手做了大量绘图工作，它确实有快捷性、批量性、易更改性等诸多好处，但是这并不意味着它能替代手。编者认为在初始设计阶段，手绘是一种创意表现，可以通过手绘快速记录头脑中稍纵即逝的灵感，描绘出设计的最初形态。手绘能表现出设计创造者思维最活跃的阶段，设计雏形因此应运而生。换言之，手绘是传递设计者形象思维过程的一种专业性语言。手绘效果图和电脑效果图是设计表现手段的不同形式，好的创意往往只是设计者最初设计理念的延续，而手绘则是设计理念最直接的体现形式。目前，电脑设计只能在制图效率和质量上加以改善，其劣势在于缺乏思维与感觉上的原创性和艺术性。而且用电脑绘制高水平的效果图必须具备美术基础，绘图员与设计师的区别也在于此。

近些年艺术类考研人数直线上升，快题设计成为大多数院校必考的一门专业课，其重要程度不言而喻。我们将多年教学经验进行总结，编著此书，希望可以给读者带来一些启示。我们相信天道酬勤，一分耕耘一分收获；我们也相信方向有时比努力更重要。希望有我们的陪伴，走在考研路上的你能够更加坦然。

目　录

01

景观手绘快速
表现基础

1.1 对手绘快速表现的基本认识

1.1.1 手绘的重要性

作为一名优秀的设计师，应该具备手绘快速表现的能力，特别是在初始设计阶段，通过手绘来快速记录头脑中稍纵即逝的创意与灵感，再经过不断的推敲，进一步深化设计。梁思成先生曾说过"设计首先是用手绘草图的形式将方案表现出来"，手绘是传递设计师形象思维过程的一种专业性语言。

日本著名建筑师安藤忠雄在《大师草图》一书中谈到，"我一直相信用手绘制草图是有意义的，草图是建筑师一栋未完成的建筑，是与自我还有他人的一种交流方式"。大师们把设计想法通过草图表现出来，再不知疲倦地进行修改，通过一遍又一遍的推敲来完善设计构思。世上没有一蹴而就，有的只是日积月累的坚持，这也是手绘所要传达的一种思想。

◆上海保利大剧院手绘草图

◆上海保利大剧院实景图

景观手绘快速表现基础

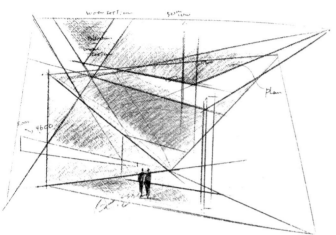

◆ 21-21 design sight 手绘草图

◆ 21-21 design sight 实景图

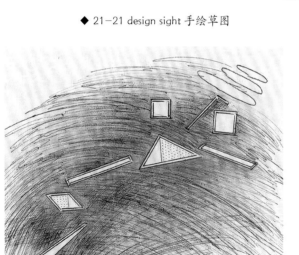

◆地中美术馆手绘草图

◆地中美术馆实景图

1.1.2 手绘的表现形式

黑白线稿表现

线稿像房子的地基一样，线稿画得到位，着色表现才能顺利进行，所以线稿是必不可少的，而着色则是锦上添花。线稿是设计师的常用手段，假设这样一个场景：在与甲方客户探讨方案的时候，对方可能都是非专业人士，当我们有很好的创意想去表现的时候，单纯使用语言肯定不行，因为对方不可能完全理解，这样就产生了交流障碍。如果我们现场拿起画笔，寥寥数笔，分秒之间勾勒出设计创意，这样对方一眼可能就明白了。绘制线条时，应尽量做到流畅、干练，所以需要长时间练习。

马克笔表现

马克笔是设计手绘中最为重要的工具，马克笔颜料明亮、透明，材质为酒精和二甲苯，色彩容易附着于纸面，颜色可以进行多次叠加。

◆黑白线稿表现

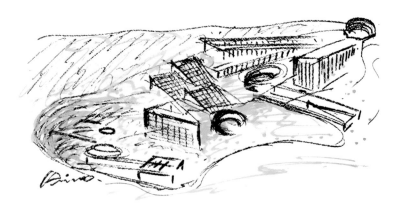

◆马克笔表现

彩色铅笔表现

在手绘表现中，彩色铅笔一般辅助马克笔使用，建议使用笔芯硬度强、色彩浓度高的彩色铅笔，这种彩色铅笔的颜色可自由叠加，并混合其他不同的色彩表现形式。使用时应注重笔触排线的方向与疏密关系，体现出色彩叠加的丰富度。彩色铅笔可以单独使用，也可以与淡彩结合，既有渲染的效果又有线条的挺括感，表现效果独具特色。彩色铅笔具有使用方便，技法易于掌握，画面效果整体，绘制速度较快，空间关系表现丰富，色彩细腻等优点。

水彩表现

水彩颜料溶于水后可以表现出丰富的色彩，质感细腻，以其实用性为设计者所用，水彩的材质特点非常适合设计手绘的快速表现。

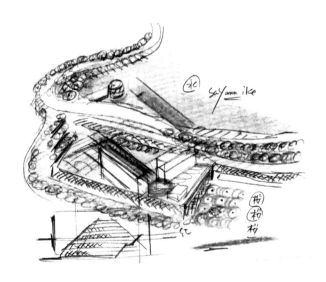

◆ 彩色铅笔表现

◆ 水彩表现

1.2 手绘工具介绍

笔类

自动铅笔（必备）

普通铅笔笔芯较粗，容易弄脏画面，不好擦拭，而自动铅笔则避免了这个问题。自动铅笔比普通铅笔使用方便，绘制的线条清晰、细腻，所以在起稿阶段我们应尽量使用自动铅笔。自动铅笔也是学习手绘必备的工具之一。

德国辉柏嘉彩铅（必备）

辉柏嘉彩色铅笔（简称"彩铅"）分为红盒、蓝盒及绿盒三种系列，其中每个系列有12色、24色、36色、72色及120色等。

高光液（必备）

高光液一般需要按压使用，按压力度不同，出水量也不同。高光液一般用于植物或布艺物体亮面的点缀。

英雄8012小双头记号笔（必备）

小双头记号笔被广大设计师称为草图笔，顾名思义，它常用来画草图、推敲方案。小双头记号笔有很多品牌，价格便宜。英雄8012小双头记号笔一头粗一头细，运笔流畅，绘制后墨水快干，深受设计师的喜爱。

樱花绘图针管笔

樱花绘图针管笔重量轻，方便携带，手感较好。无需填充墨水，为一次性针管笔。墨水流量充沛，一般可以连续作画800~900米的距离。即使掉落在地上，也不会造成笔头损坏，笔头不容易内缩。在设计制图中至少应备有细、中、粗三种不同规格的樱花绘图针管笔。樱花绘图针管笔单价略贵，不太适合初学者。

景观手绘快速表现基础

白雪 PVR-155 直液式走珠笔

（必备）

白雪 PVR-155 直液式走珠笔的笔头为针管式，笔身带有一个小窗口，可以通过小窗口观察墨水的容量。墨色均匀，线条光滑，粗细变化明显，绘图时线条不会断，比晨光会议笔更加耐用，基本不会坏，所以它是一款非常合适的手绘工具。

晨光会议笔

晨光会议笔又称小红头，弹性笔尖，外形精致美观，贴心笔杆设计，长时间握笔不累，书写感舒适，是常用的手绘工具之一。其价格合理，非常适合初学者使用，但是使用时间久了会出现断线、笔头内缩的状况。

Chartpak AD 马克笔

Chartpak AD 马克笔是目前马克笔表现效果最好的一款，揉色效果非常好，适合大面积使用，但是有很浓重的汽油味，对人体伤害很大，美国三福马克笔也有这个缺点。Chartpak AD 马克笔属于油性马克笔，单头能画出很多不同的笔触，价格较贵，不太适合初学者使用。

法卡勒马克笔一代

法卡勒马克笔一代使用酒精性快干墨水，上色容易，着色均匀，可以通过扁方和细圆两种笔尖绘制多种线宽的笔迹，方便使用，出墨流畅，椭圆形的笔杆握着舒适，可以确保长时间使用不疲劳。

STA 斯塔双头马克笔

STA 斯塔双头马克笔市场保有量较大，整体笔的造型较粗，颜色鲜艳，出水流畅，价格比法卡勒马克笔一代便宜。

纸类

A3 复印纸 (必备)

　　初期练习手绘时，使用最多的纸张是复印纸，常用的型号是 A3。根据纸张厚度，复印纸类型分为 70 克、80 克、90 克，等等。复印纸用途广泛，价格低廉，非常适合练习手绘时使用。

硫酸纸

　　硫酸纸，又称制版硫酸转印纸，主要用于印刷制版业，具有纸质纯净、强度高、透明好、不变形、耐晒、耐高温、抗老化等特点。硫酸纸比草图纸更加透明，质量更好，表面特别光滑，所以普通笔在硫酸纸上绘图容易弄脏画面，建议使用针管笔、绘图笔等。

绘图纸

　　绘图纸是指用来绘制工程图、机械图、地形图等的纸。其质地较厚，紧密而强韧，半透、无光泽，尘埃度小，具有优良的耐擦性、耐磨性、耐折性，适用于铅笔、墨汁笔等。绘图纸可以长时间保存，价格低廉，适合画方案图、快题等，型号主要有 A1、A2、A3 等。

速写本

　　速写本是用来进行速写创作和练习的专用本。一般分为正方形和长方形，开数大小不一，长方形速写本以十六开、八开、四开尺寸居多。速写本纸张较厚，纸品较好，多为活页，以方便作画。可以横翻，也可以竖翻。相较于单张纸夹，速写本更容易保存和携带，深受广大美术者喜爱。也适用于学生记笔记，还可以夹便签纸、明信片等。

草图纸

　　草图纸是拷贝纸，具有较高的物理强度，以及优良的均匀度和透明度，其表面细腻、平整、光滑、无泡泡纱。在设计创作阶段，草图纸是必不可少的，它是设计师常用的一种材料，有白色和黄色两种颜色，成卷包装，可以随意剪裁，非常方便。

工具类

平行尺

　　平行尺是做景观设计、平面设计，甚至画工程图的常用工具。市面上平行尺种类繁多，推荐使用滚动平行尺，其功能、精度和使用顺畅程度都比较好，而且物美价廉。滚动平行尺的特征是在绘图尺上安装使绘图尺平行移动的滚动装置，滚动装置可以是滚轮、滚珠或滚动杠。滚动装置可以使尺子作平行移动，因而能方便、快捷地画出平行线。利用滚动装置可以使尺面与纸面作滚动摩擦，以避免尺面与纸面的滑动摩擦，保持画面整洁。

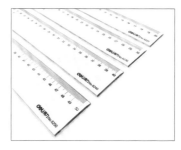

直尺（必备）

　　直尺基本上是所有设计师都会常备的工具，一般选用30cm长度的直尺。如果经常画快题或者绘制篇幅较大的图纸，可以再准备一个稍长的直尺。

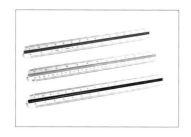

棱形比例尺（必备）

　　棱形比例尺在景观设计中常用，刻度清晰，采用红、黄、绿三种颜色来区分不同的面和不同的比例，方便使用。

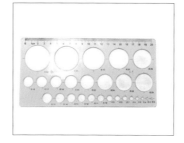

画圆模板尺（必备）

　　圆规太笨重，不方便携带，而画圆模板尺可以画出一些常用的圆形，方便、实用，可以提高绘图效率。在景观设计平面图表现中，画圆模板尺的运用是比较频繁的，一般用来画指北针及平面植物，比如乔木等。

景观手绘快速表现基础

收纳类

A3 资料册 （必备）

经过一段时间的手绘学习后，会不知不觉地积累很多手绘图纸。使用资料册可以对图纸进行收纳，将图纸放进资料册的每个内页里，可以更好地保护图纸，避免其受潮和折损。市面上有 A3、A4 等规格的资料册，可以根据图纸类型选择相应的规格，推荐选择内页较多的资料册。

马克笔收纳盒

购买马克笔时赠送的黑色布袋较软，无法起到支撑作用，马克笔也不容易归类。使用马克笔收纳盒可以整体地排列马克笔，并将马克笔进行分类，而且还能随身携带。

彩铅笔帘

普通的彩铅包装是纸盒的，容易破损。彩铅笔帘可以放置彩铅、自动铅笔、勾线笔，以及手绘用到的所有笔，放置笔后可以卷起来，不占用空间，非常方便。

02

手绘线条讲解

Day
2

2.1 线条的重要性

在手绘效果图中，线稿起到了非常重要的作用，而线稿是由线条组成的，所以线条决定了手绘效果图的质量。可以将线条理解为建筑的地基，熟练地运用线条是每一个设计师必须掌握的基本技能，每一根线条的效果都体现了设计师的功力。线条看似简单，其实变化万千，快速表现主要是为了强调线条的美感。无论是小的单体，还是大的空间，线条的疏密、曲直、虚实、轻重，运笔的急缓变化都会形成不同的画面氛围。想要画出线条的美感，画出线条的生命力，需要做大量的练习，接下来就不同的线条进行详细讲解。

2.2 线条表现技法

2.2.1 直线

直线在手绘表现中最为常见，也是最基础的表现方式，大多数形体都是由直线构筑而成的。因此，掌握直线表现技法很重要。直线讲究自然流畅、刚劲挺拔，所以画出来的线条要直，并且要干脆利落、富有力度。练习时可以从短到长逐渐增加线条的长度和画线的速度，循序渐进，就能逐步提高徒手画线的能力，画出既活泼又直的线条。

绘制快直线时要有起笔和收笔，在这个过程中会形成自然的顿挫。中间部分匀速运线，运笔果断、有力，注意整体的方向和水平。收笔时也会出现自然的顿挫，会出现"两头重、中间轻"的效果。一切以自然放松为主，不要刻意强调顿挫。

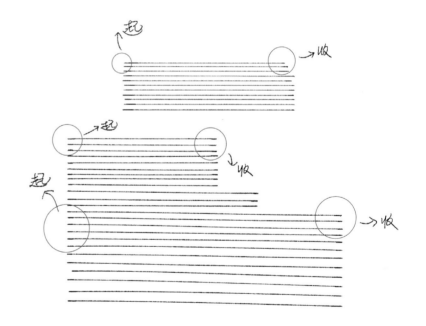

绘制慢直线时应注意保持手腕的水平，起笔和收笔的顿挫不如快直线明显，因为运笔速度较慢，所以会出现上下波动，应尽量把波动控制在一定范围内。慢直线多用于草图方案阶段，适合绘制比较长的线条。虽然慢直线不如快直线有力度，但是非常平稳，不易出错。

竖直线给人一种庄重、挺拔的感觉，和快直线相似，应注意起笔和收笔的顿挫。

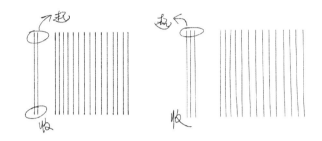

 ✓ 线条流畅

 ✗ 错因：线条不肯定

分段画长线条 ✓

错因：线条衔接不自然 ✗

 ✓ 线条间距均匀

错因：线条间距不均匀 ✗

过点画线可以有目的地练习画线的稳定性，在间距和长短上都可以着重训练，达到美观的效果。注意从第一个点开始出发的时候，目光要比笔尖先到达第二个点上，这样反复练习几遍就能找到画好线条的感觉。

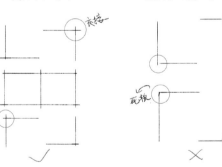

正确的相交方式

相交太远或过于死板

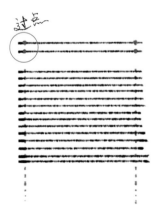

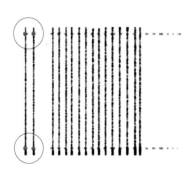

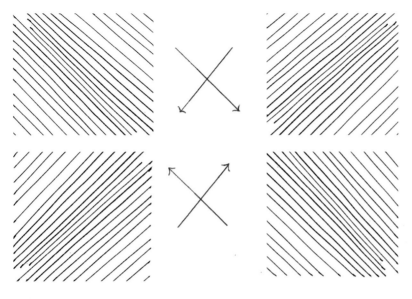

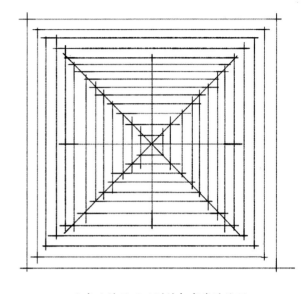

◆斜直线给人一种空间的变化、创意和活泼的感觉

◆交叉练习可以训练相交线的处理

景观快题设计表现方法与案例评析

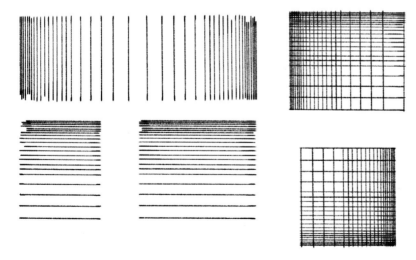

◆绘制渐变线条可以训练控制间距的能力

2.2.2 抖线

　　抖线是绘制线条的另一种方式，是丰富画面的另一种手段。抖线相对来说比较容易掌握，在构图、透视、比例正确的情况下，抖线也可以表现出非常好的效果。

　　抖线的运笔速度一般比较慢，沿着一条中心线上下或者左右小幅度摆动，形成小波浪的效果，适合画比较长的线条。

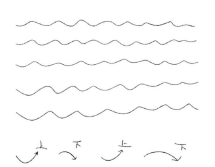

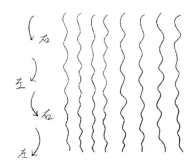

手绘线条讲解

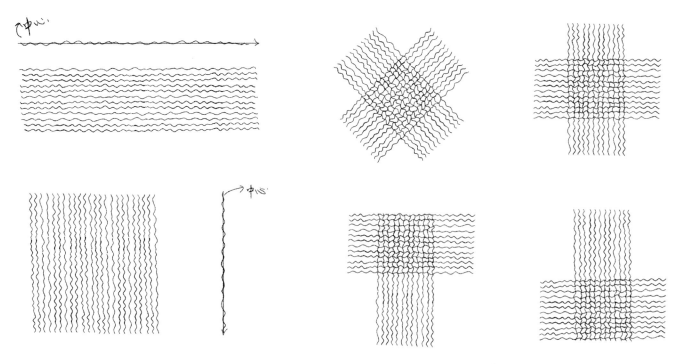

◆抖线穿插，练习间距控制能力

2.2.3 曲线

曲线（也称弧线）在室内手绘表现中运用广泛，绘制曲线时应注意线条的流畅度和圆滑度。曲线给人一种柔和、轻巧、运动的感觉，在处理曲面建筑和软装设计时尤为突出。较短的曲线可以徒手绘制，绘制特别长的曲线时可以借助曲线板等工具。

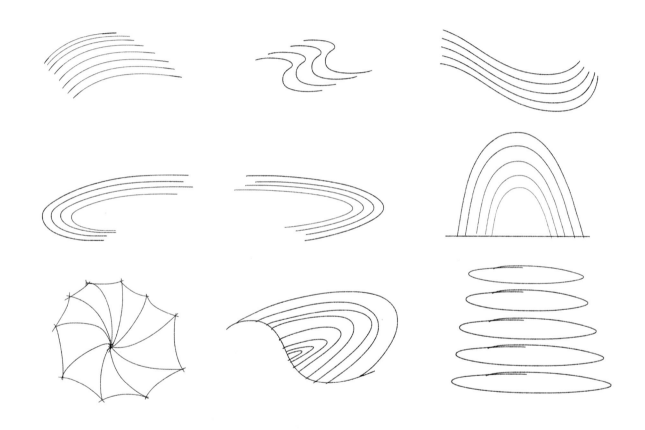

曲线的画法不容易掌握，下笔之前一定要做到心中有数，以免勾勒不到位，破坏整体感觉。前期训练以短曲线为主，曲线绘制时需要注意以下三点：

（1）尽量放松手腕，使线条流畅。

（2）大胆下笔，不要犹豫，确保线条流畅。

（3）不要刻意、反复去描，否则会使本来飘逸的曲线显得笨重。

2.2.4 不规则线

　　不规则线相对无序、无组织性，一般用来表现花草、植物外形、石材等，需要加强练习。不规则线样式多变，在画不同的不规则线时要注意每种线条的独有特点，干脆、圆滑、飘逸，等等。

◆ 多种不规则线条练习

2.2.5 圆和椭圆

圆和椭圆在手绘中较为常用，常用来表现台灯、茶几、植物等。圆的画法比较难掌握，需要长时间的练习。绘制圆时不能心急，刚开始画的时候，可以分两个半圆来绘制，慢慢画出轮廓。熟练之后可以放慢速度，尝试一笔画圆。最终达到整体过渡圆滑饱满，起笔、收笔自然交接。

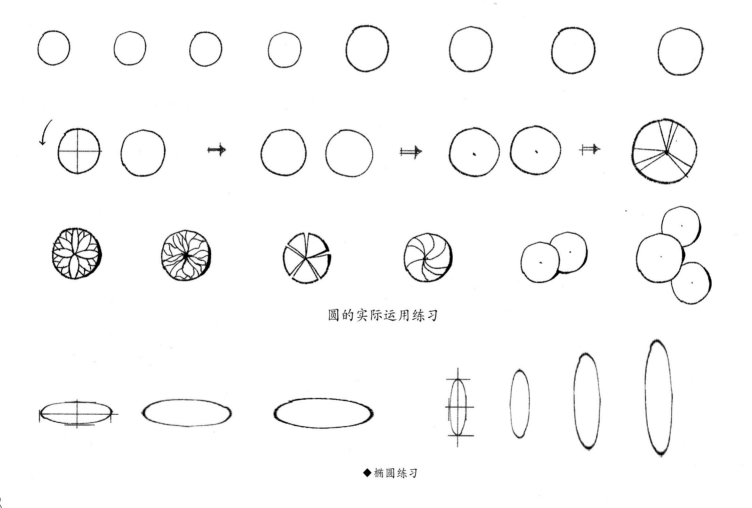

圆的实际运用练习

◆椭圆练习

2.3 排线练习

2.3.1 直线、斜线控制练习

上文详细讲解了手绘中所有常用的线条，接下来需要针对性地对这些线条做系统的练习。在 A3 复印纸上画出多个宽 4cm 高 3cm 的矩形，然后均匀排布。将每个矩形看作一个封闭的格子，在这些格子中练习线条。尽量不要将线条画出框外，应粗细一致，间隔均匀，或者呈渐变的形式。之后可以进行组合线条的练习，画出无数种不同的组合形式。

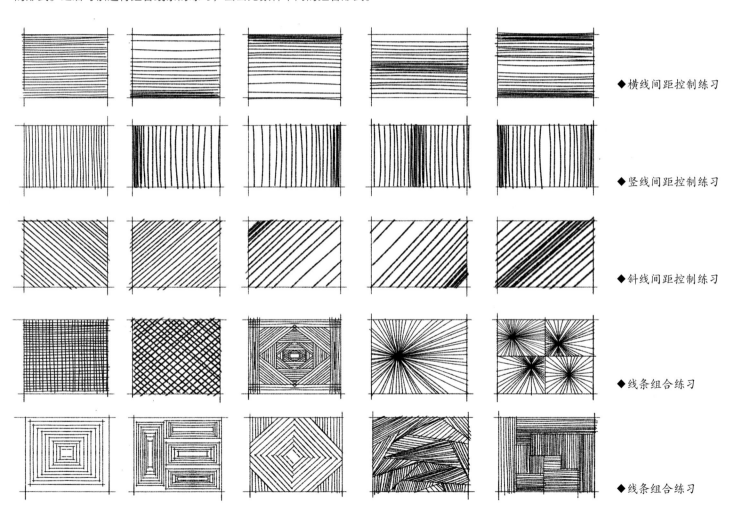

◆横线间距控制练习

◆竖线间距控制练习

◆斜线间距控制练习

◆线条组合练习

◆线条组合练习

手绘线条讲解

2.3.2 抖线控制练习

抖线控制练习和直线、斜线控制练习的方法一致，画出均匀排列的矩形，然后在格子中绘制不同类型的抖线。

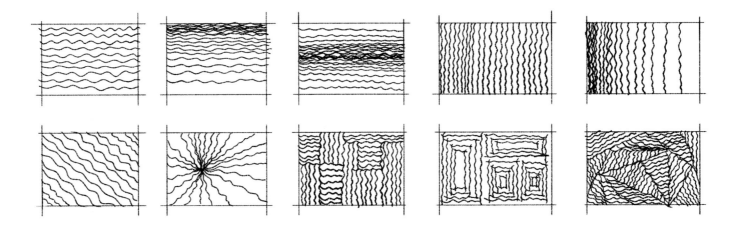

2.3.3 曲线控制练习

曲线相较于直线和抖线更为多变，所以可以画出更多的样式。

2.4 建筑体块表现

在画景观效果图时，建筑体块是一个必不可少的元素。在进行效果图的练习之前，可以先分析建筑在景观环境中的表现形式。大部分建筑都是几何体，能分解成体块，看似一个个的方盒子。在景观手绘练习中，建筑体块的穿插是建筑表现的一种形式。

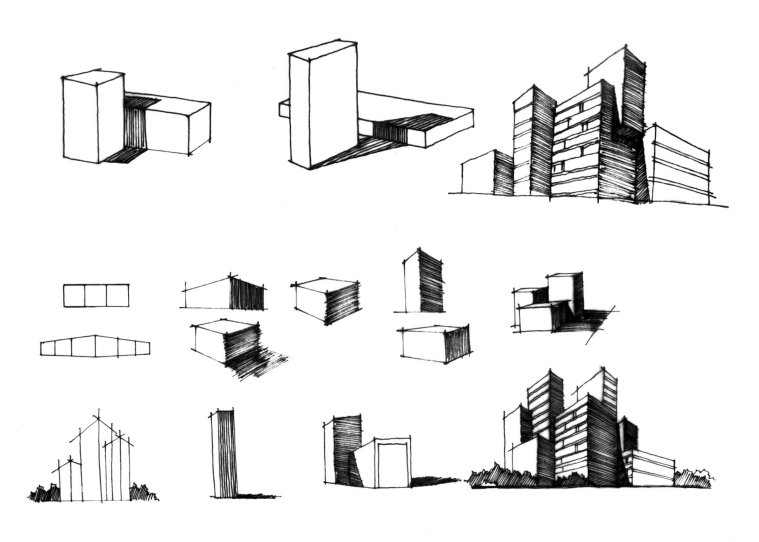

◆建筑体块线稿练习

2.5 线条材质表现

　　线条材质表现是对线条练习的更深掌握，在 A3 复印纸上均匀绘制多个宽 4cm 高 4cm 的矩形，在每个格子里表现不同的材质，通过不同的线条和粗细、深浅、虚实等不同的刻画手法绘制相应的材质。线条材质表现是色彩表现的基础，线稿刻画得到位，后期的上色就会相应容易一些，所以一定要重视线稿的刻画。

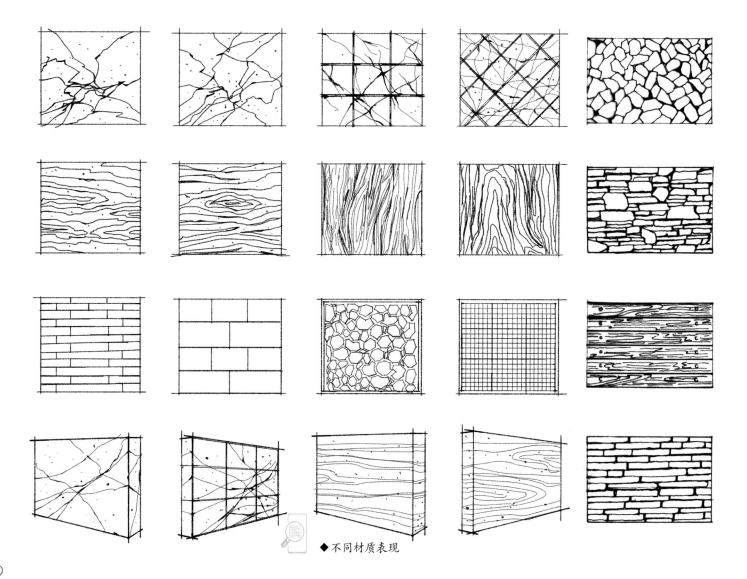

◆ 不同材质表现

03

景观单体线稿表现

Day
3/4

3.1 平面图单体线稿详解

3.1.1 单体植物线稿表现

树木平面图的画法一般是以树干为中心、冠幅为半径画圆，再加以艺术化表现。表现方式非常多，表现风格多变。根据不同的表现手法，树木平面线稿表现一般分为以下四种类型。

（1）轮廓型：只用线条勾勒出树木轮廓，线条可粗可细，轮廓可光滑，也可以运用抖线或不规则线来增加树木轮廓的丰富性和艺术性。

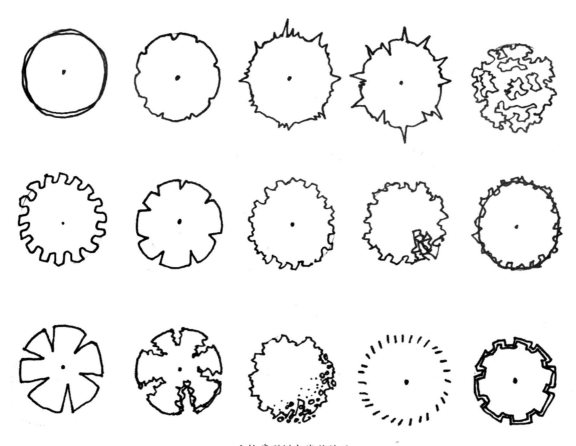

◆轮廓型树木线稿练习

（2）分枝型：将线条进行不同的组合来表示树枝或枝干的分叉，以体现植物的特点。

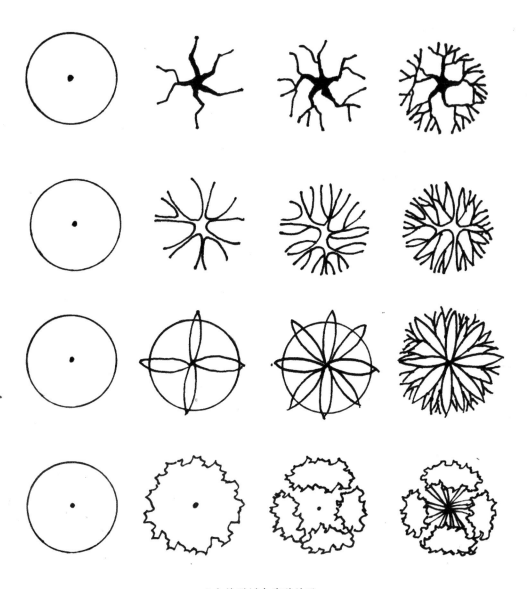

◆分枝型树木线稿练习

（3）质感型：在树木平面图画法中采用线条的排列组合体现树冠的质感。

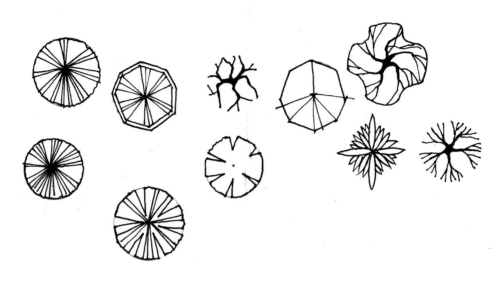

◆质感型树木线稿练习

（4）枝叶型：在树木平面图画法中既表示出分枝，又表示出冠叶，树冠可用轮廓表示，也可用质感的线条表示。枝叶型是其他几种类型的组合。

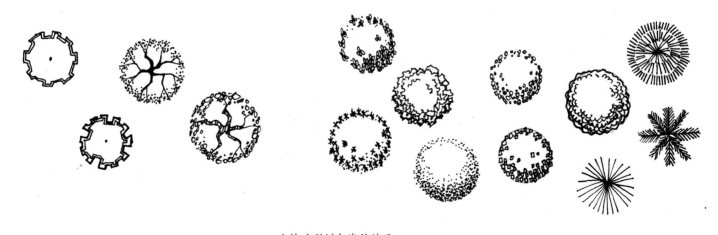

◆枝叶型树木线稿练习

3.1.2　树群（树丛）线稿表现

树群（树丛）和单棵树木的表现方法类似，省略树木连接处的线条，运用自然流畅的"U"形线条进行表现。

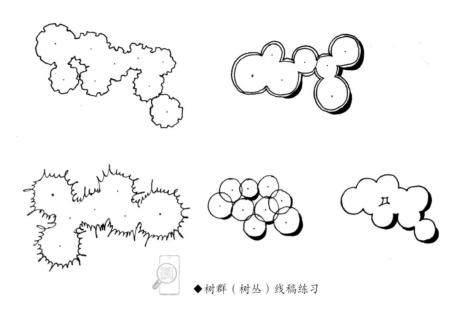

◆树群（树丛）线稿练习

3.1.3　灌木和地被线稿表现

　　灌木没有明显的树干，平面形状多变，有曲线，也有直线。自然式栽植灌木丛的平面形状多为不规则式，人工修剪的灌木和绿篱的平面形状多为规则式。灌木的平面图画法与树木类似，通常修剪规整的灌木可以采用轮廓型、分枝型或枝叶型表示，不规则形状的灌木平面多采用轮廓型和质感型表示。应当将灌木平面图与树木平面图的表现方式区分开。地被植物多采用轮廓勾勒和质感表现的形式，画图时应以地被栽植的范围线为依据，用不规则的细线勾勒出地被的范围轮廓。

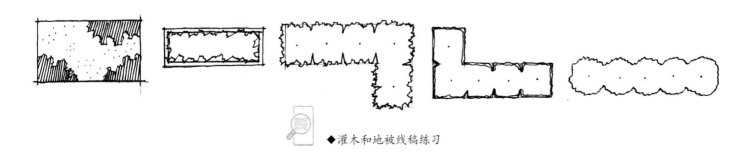

◆灌木和地被线稿练习

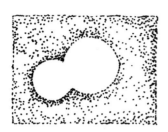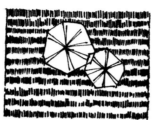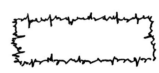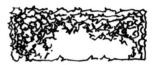

◆灌木和地被线稿练习

3.1.4　草坪、草地线稿表现

打点法

打点法是简单的一种表现方法，在快题设计中最常使用这种画法。采用打点法画草坪时须注意点的大小应保持一致，无论疏密变化，都应尽量均匀。

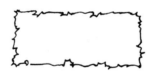

线段排列

均匀地将线段排列成行，行间间距应相近，排列整齐的常常用来表示草坪，排列不规整的常常用来表示草地或管理粗放的草坪。也可以用斜线或曲线排列表示草坪，排列方式可有序规则，也可无序不规则。

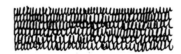

3.1.5 植物组团线稿表现

　　整体完善了平面规划之后，就要对设计区域的植物进行勾勒。植物的种植大体上分为三类：乔木、花灌木、草坪。乔木可以单棵绘制，也可以采用树丛的方式绘制，可以将单棵树木和树丛相结合，画出不同的乔木样式。在平面图中乔木应置于最上层。花灌木的绘制应参考乔木的位置勾出其轮廓，绘制花灌木时应充分分析画面的整体构图，把握各植物类别的层次关系。花灌木的位置应在乔木层之下、地被和草坪之上。绘制草坪的时候，需要考虑地形的变化。在有坡度的草坪上，要绘制出等高线；在平整的地形上，则可直接用打点法绘制草坪。草坪在平面图的绘制中位于最底层。

◆植物组团线稿练习

3.1.6 铺装材质线稿表现

　　铺装是指用各种建筑材料对地面进行铺砌和装饰，其中包括道路、广场、活动场地等的铺装。铺装在景观设计中的作用也非常重要，铺装的面积一般略小于绿化，形式较为多样。在平面图的绘制中，地面铺装可以作为设计的一大亮点。在绘制地面铺装时，应该把握铺装的尺度、色彩、质感、图案纹样、分割变化、形态等。铺装图案的大小会对空间产生重要的影响，如果铺装图案形体较大，空间则会呈现宽阔的

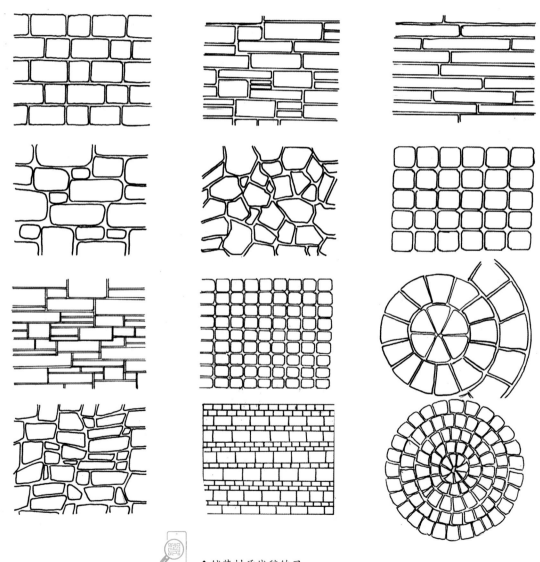

◆铺装材质线稿练习

感觉；如果铺装图案形体较小，空间则会呈现压缩感和私密感。铺装分割可以起到分隔空间环境的作用，可以使用不同的分割形式来区分不同的区域，让使用者感受到空间环境的变化。铺装形态在平面构成要素中分为点、线（直线、折线、曲线）和形（三角形、四边形、多边形、圆、椭圆和不规则图形），针对不同的空间环境，铺装形态要随之改变。

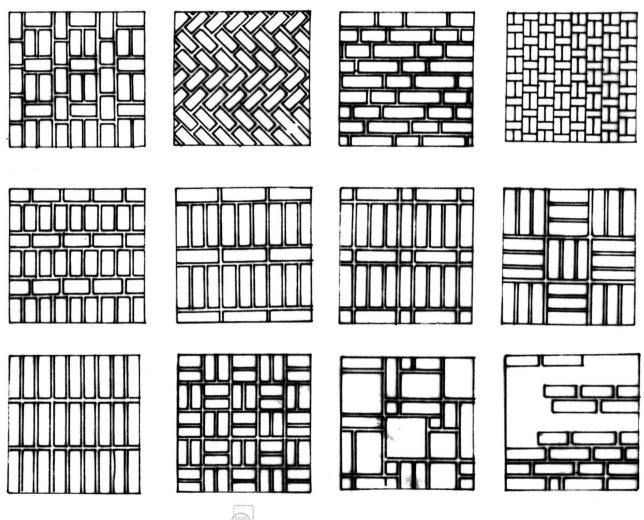

◆铺装材质线稿练习

3.1.7 景观水景线稿表现

　　"无水不园，无园不水"，可见水景在园林景观中的地位。水具有通透、流动的特点，因此，在平面图中画水景时切忌线条过于死板，表现大面积水体时要注意留白。

注意驳岸的曲线变化和线条的粗细变化，虚实结合。

水岸线周围一般设置游步道或廊架。

◆景观水景线稿练习

3.1.8 平面节点线稿表现

平面节点的绘制是在平面草图的基础上，进一步将方案作调整、细化，在平面方案中将各景观元素准确、清晰地表现出来。空间结构一定要合理，节点比例一定要在合理的比例范围内。之所以要强调平面节点，是因为在平面方案设计中，一定要突出设计重点，而景观节点是最能突出设计亮点、体现景观设计结构的部分。可以分别对硬质景观（广场、道路、构筑物）和软质景观（水域、种植区）进行表现。

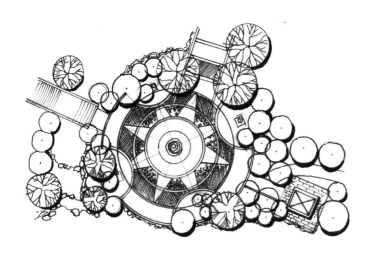

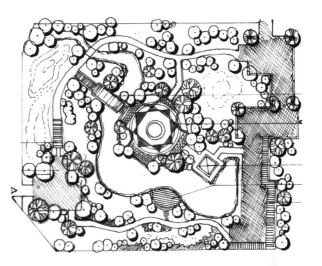

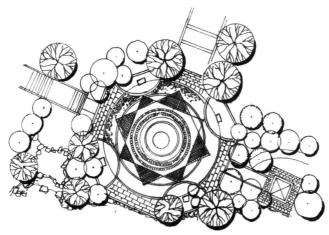

◆平面节点线稿练习

3.2 透视图单体线稿详解

3.2.1 乔木、灌木线稿表现

乔木

根据乔木的生长特点，完成基本的形体绘制。从亮面着手，由浅到深完成整体的黑白灰关系的绘制。加强植物的明暗对比，同时对植物的枝干、叶片着重深入刻画，并调整最终的画面效果。

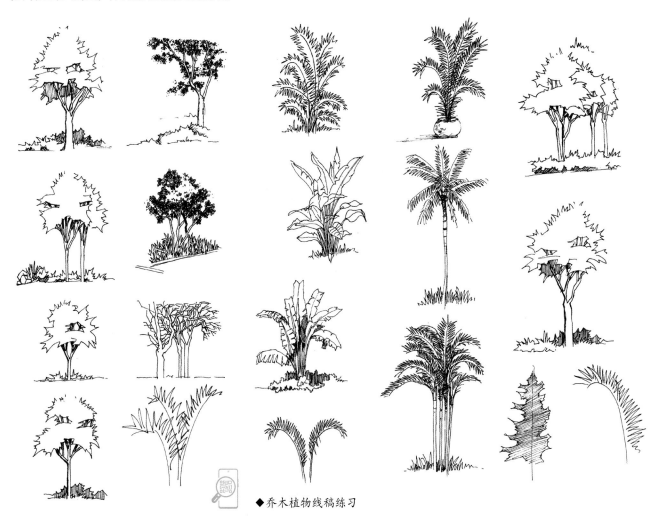

◆乔木植物线稿练习

灌木

　　根据灌木植物的特点，勾画出大致的形体，线稿阶段不宜刻画得过于细致。确定受光的方向，表现亮面与暗面，亮面与暗面要形成明暗对比。刻画的时候，外轮廓尽量使用自然的笔触。调整画面整体色调，协调明暗关系，在亮面增加枝叶的细节，最终形成生动的画面。

景观单体线稿表现

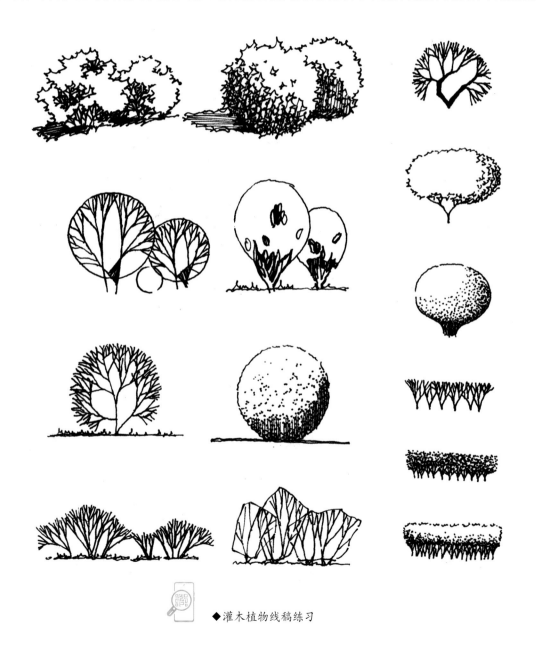

◆灌木植物线稿练习

3.2.2 花卉线稿表现

　　在景观设计中一般重点表现花卉植物，在绘制过程中应注意花卉、花朵及叶片的多样性。在画花卉植物前，应该先分析植物的结构，对植物结构特点进行凝练、概括，尤其应注意叶片、花瓣之间的前后遮挡关系和叶茎之间的穿插关系。绘制时应该控制线条的柔韧度，以体现植物的软质感；应把握多叶植物的疏密关系及阴影投影关系，最终呈现"丛"的效果。

　　浮水植物常在水景中种植，如莲花、荷叶。浮水植物叶片造型多样，多为成丛生长，绘制时应该注意植物结构的前后层次变化。除了植物的基本特征，还要注意植物在水中的倒影关系。可利用水纹线反映倒影，线条自然，倒影离主体越远其线越虚。

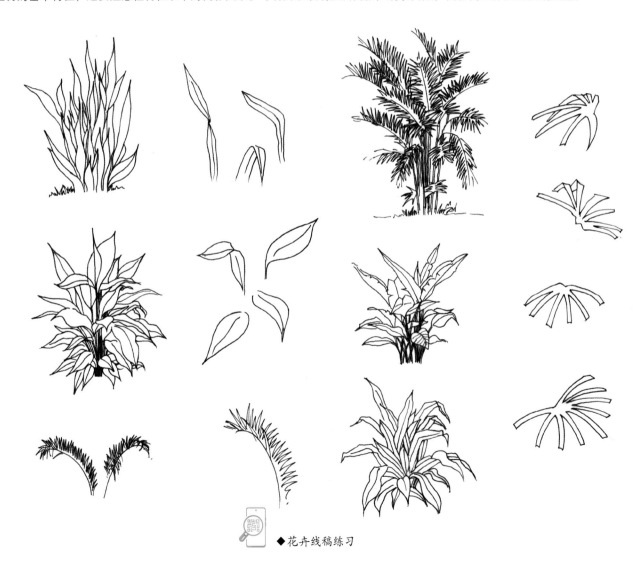

◆花卉线稿练习

景观快题设计表现方法与案例评析

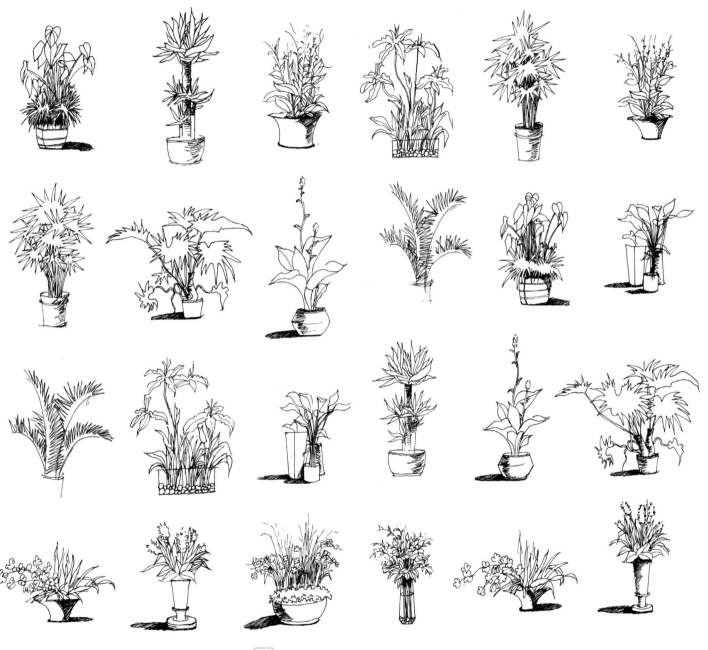

景观单体线稿表现

◆ 花卉线稿练习

3.2.3 景观水景线稿表现

　　水在景观设计手绘中起到画龙点睛的作用，绘制水体的透视图时应把握水的流动方向和力度，合理控制线条的轻重缓急，在用线上注意精简。针对不同的坠落方式，线条也要有所区分。例如，瀑布、跌水和喷泉的水流方式不同，线条应该顺应水流方向，在绘制过程中应预先留出水流的位置，再用同样方向的线条快速画出水流的背光面，注意线条的疏密与节奏关系，通过水流的受光面和背光面体现出水流的体积感。水落到底部时水花四溅，可以通过概括的方式将水花表现出来。在表现不同的水景时，应用简单、灵动的画法表现水的轻盈、流畅的自然之感。

◆水景线稿练习

3.2.4 景观山石线稿表现

　　绘制石头时线条应当尽量硬朗，同时在石头下面可以加少量植物、草坪来衬托石头的质感。石景一般采取成组的设计形式，注意大小、形态、前后的匹配、遮挡关系。

◆景观山石线稿练习

 ◆景观山石线稿练习

3.2.5 人物、汽车线稿表现

　　一般情况下，快题设计的表现图中人物高度为8~10个头长，头部应尽量画得小一些，看上去比较舒服。在画远处的人物时，可以先从头部开始画，再依次刻画躯干、上肢、下肢三个部分，不必刻画面部和服装细节，用笔应干脆利落。

　　汽车是场景中绘画难度极大的配景元素，线条应以直线为主，干脆利落，尽量将汽车顶面画成一条直线，注意汽车的透视效果和体量感。希望大家在绘制过程中总结规律。

◆人物、汽车线稿练习

3.2.6 景观小品线稿表现

　　景观小品是景观设计手绘中的点睛之笔，它包含不同的构筑物，主要包括建筑小品（如雕塑、景墙、亭台、楼阁等）、生活设施小品（如座椅、健身设施、游乐设施、垃圾桶等），以及道路设施小品（如车站牌、路灯、防护栏、道路标志等）。景观小品常常作为一个局部空间进行重点设计，对空间起到点缀作用。

◆景观小品线稿练习

04

景观平面图
线稿表现

4.1 景观制图规范

4.1.1 平面图制图规范

图名

将图名标注在所表示图的下方正中，在图名下方画双划线。比例紧跟其后，但不在双划线之内。图名、比例完整的标注方法如下图所示。

平面图 ← 长仿宋字　粗线　细实线　　平面图　1:100

指北针

指北针用细实线绘制，圆的直径为 24mm 左右，指针指尖为北向，一般注明 " 北 " 或 "N"，指针尾部宽度宜为 3mm 左右。若需要绘制大比例直径的指北针，指针尾部宽度宜为直径的1/8。

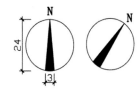

◆指北针

风玫瑰图

风玫瑰图也称为风向频率玫瑰图，它是根据某一地区多年平均统计的各个风向和风速的百分数值，并按一定比例绘制而成的。一般用八个或十六个罗盘方位表示，如右图所示，由于该图形似玫瑰花朵，故名"风玫瑰"。风玫瑰图上所表示风的吹向（即风的来向），是指从外面吹向地区中心的方向，离中心越远，此风向频率越大。

◆风向频率玫瑰图

标高

绝对标高：以一个国家或地区统一规定的基准面作为零点的标高。我国规定以青岛附近黄海夏季的平均海平面作为标高的零点（又称水准零点），以水准零点为基准所计算的标高称为绝对标高。

相对标高：以建筑物首层主要地面高度为零作为标高的起点，所计算的标高称为相对标高。

标高单位：标高数值以 m 为单位，一般注写到小数点后三位（总平面图中注写至小数点后两位）。底层平面图中室内主要地面的零点标高注写为 ±0.000。低于零点标高的为负标高，标高数字前加"－"号，如 -0.350。高于零点标高的为正标高，标高数字前可省略"＋"号，如 2.000。

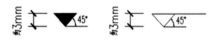

◆标高符号画法

◆标高符号形式

剖面指向符号

用粗实线表示剖面指向符号，剖切方向线的长度为 6~10mm；投射方向线应垂直于剖切位置线，长度为 4~6mm。即长边的方向表示切的方向，短边的方向表示看的方向。

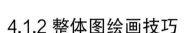

◆剖面指向符号

4.1.2 整体图绘画技巧

在景观设计中，平面图是最重要的一个部分，其布局中的每一个细节都会直接影响设计成果。因为平面图是反映设计思想、表现设计成果的图纸，所以表现平面图中的元素时要选用恰当的图例，图例一定要简洁美观、便于绘制、容易让人看懂。其形状、大小、颜色及明暗关系也要表现到位，平面图的绘制要层次分明，具有整体感、统一感。在项目的评审中，平面图是甲方必看的，甲方通过研究平面图可以从中发现问题，进一步提出问题及方案的修改意见。因此，设计者在进行平面图布置时，头脑要清晰，要充分考虑各个方面的因素。在画出正式的方案前，设计者可以先用草图方式来表现，之后再慢慢改进和深化。在绘制景观设计总平面图的过程中应注重空间布局、功能分区规划、道路、景观节点、植物配置、景观小品、铺装等的设计。

1. 景观平面草图构思

快速创作的草图是设计的雏形，在拿到项目任务书之后，设计者首先应对项目任务进行分析，根据基地现状，对设计场地进行空间构思规划。在初始构思阶段，将设计稿以草图的形式表现出来，草图的内容并不用太过具体，后期会有一些内容需要进行反复的改动。在进行草图构思时，一定要从整体考虑，这样在后期的修改中才不会耗费太多精力，最终在方案深化时做出一个比较合理的平面布局。

2. 平面方案优化

平面草图完成之后，就要开始进行方案优化，进一步确定场地中的元素，如广场、道路、建筑、水体、植被组群等，及时修正不足之处。再者就是对平面中的节点进行深入绘制，如广场铺装、植物配置、水体形式及其他细节修饰等，景观节点的表现形式在平面方案中也是极其重要的一部分，它会直接影响整个平面方案的设计效果。此时的平面方案比草图更加成熟、肯定。

4.2 平面图线稿绘制步骤

以庭院景观为例，完成一套完整的景观方案。

扫码观看视频

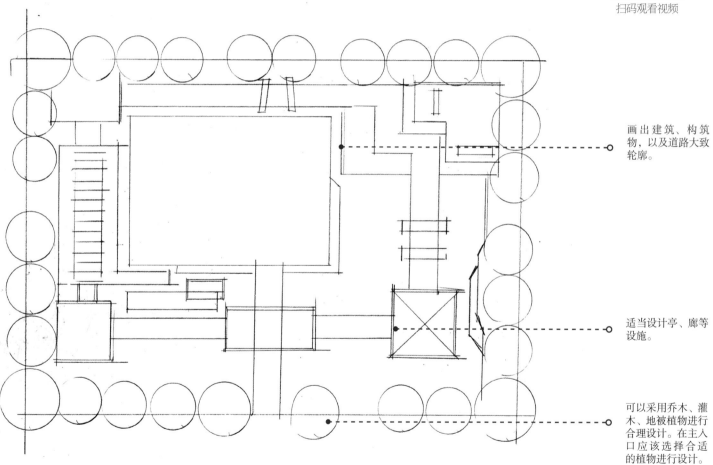

画出建筑、构筑物，以及道路大致轮廓。

适当设计亭、廊等设施。

可以采用乔木、灌木、地被植物进行合理设计。在主入口应该选择合适的植物进行设计。

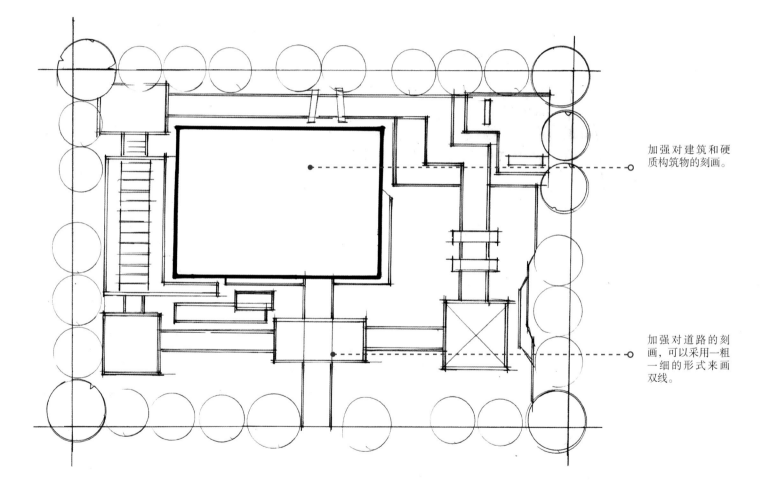

加强对建筑和硬
质构筑物的刻画。

景观平面图线稿表现

加强对道路的刻
画，可以采用一粗
一细的形式来画
双线。

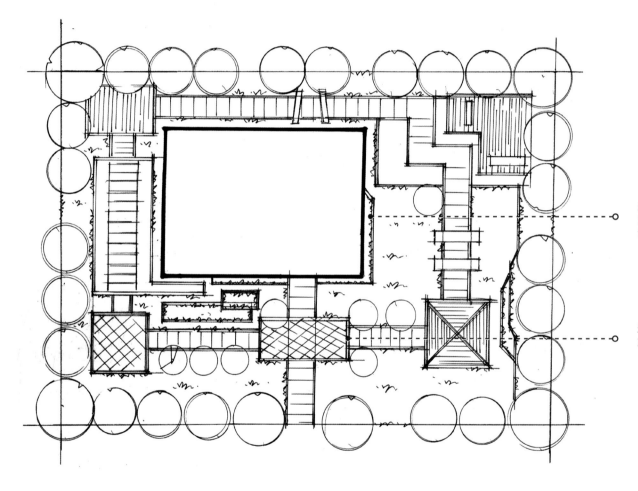

增加绿篱和地被植物的细节，注意草线应该灵动、飘逸。

增强节点铺装的质感，对道路进行铺装分割。

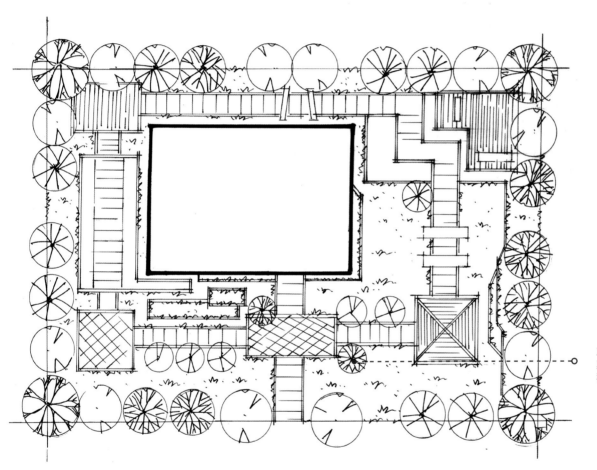

景观平面图线稿表现

对平面植物进行深入
刻画，体现出不同的
种植变化。

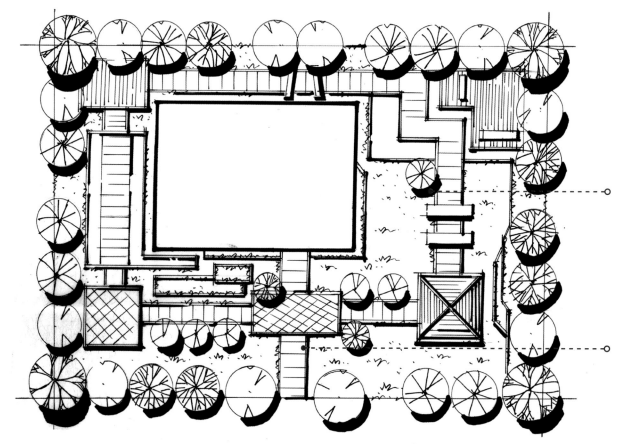

调整明暗关系，增加
黑、白、灰层次，加
强画面的明暗对比
度，刻画所有物体的
投影。

调整近处道路，可以
用黑色马克笔进行强
调。

景观快题设计表现方法与案例评析

05

景观立面图、剖面图
手绘表现

Day
6

5.1 立面图、剖面图基本画法

5.1.1 立面图、剖面图的作用与意义

在景观快题设计中，不管是大尺度场地快题设计，还是小尺度场地快题设计，都需要绘制立面图或剖面图，立面图、剖面图在快题设计考试中分值占比也较大。因此，必须熟知立面图、剖面图绘制的规范、技巧，这是取得高分的基本条件。绘制景观立面图、剖面图时，为了更好地体现设计亮点，视线的选择可以根据平面图的丰富程度进行，可以全面展现景观空间，而且最好选择一些地形变化丰富的节点进行绘制。接下来讲解立面图、剖面图的绘画步骤。

5.1.2 立面图、剖面图基本画法辨析

设计者可以通过立面图和剖面图更好地把控场地内空间，以及对场地内地形和高差进行处理。

通过下表的总结，可以看出立面图和剖面图的相同点和不同点。

立面图和剖面图画法辨析

立面图	剖面图	是否相同
有地势落差的地方体现竖向设计；都要有场地内标高。	有地势落差的地方体现竖向设计；都要有场地内标高。	相同
以园林小品或建筑构筑物为中心绘制立面图、剖面图，可丰富场景空间。	以园林小品或建筑构筑物为中心绘制立面图、剖面图，可丰富场景空间。	相同
立面图只表现地上的部分。	剖面图表现地上部分和地下部分，可用于表现材质、排水、季相变化。	不同
立面图包含后面的场景内容。	剖面图不包括后面的场景内容。	不同

5.2 立面图线稿绘制步骤

　　以第4章完成的庭院平面图为例，根据平面图各局部尺寸，勾勒出地形、水体、建筑物和景观构筑物的立面图。注意各景观要素的尺寸，定出其高、宽之间的比例关系，用铅笔按照一定比例画出各景观要素的外形轮廓。

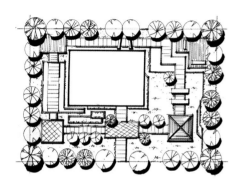

以此方案为例

扫码观看视频

景观立面图、剖面图手绘表现

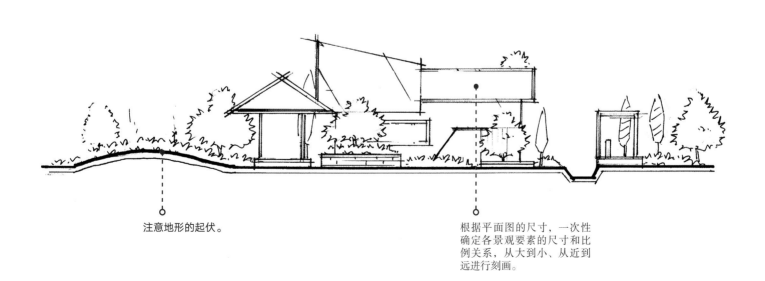

注意地形的起伏。

根据平面图的尺寸，一次性确定各景观要素的尺寸和比例关系，从大到小、从近到远进行刻画。

细致刻画建筑、构筑物等硬质景观要素，绘制前景层和中景层植物立面，勾画出植物轮廓。

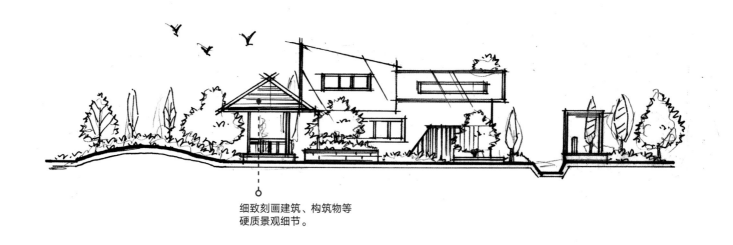

细致刻画建筑、构筑物等
硬质景观细节。

绘制背景层植物立面，勾勒出配景，调整画面关系，最终成图。

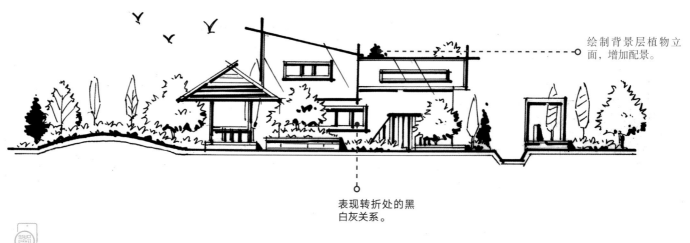

绘制背景层植物立
面，增加配景。

表现转折处的黑
白灰关系。

06

景观空间透视图
线稿表现

Day
7-9

6.1 一点透视线稿表现

6.1.1 一点透视概念

通常物体的一个面与视角（画面）构成平行关系，且由于透视视角上的变形，会让人产生近大远小、近实远虚、近高远低的感觉，透视线和消失点应运而生。

定义：一点透视又称为平行透视，当形体的一个主要面平行于画面，其他的面垂直于画面时，斜线消失在一个点上所形成的透视称为一点透视。

特点：应用最多，容易接受；庄严、稳重，能够表现主要立面的真实比例关系，变形较小，适合表现大场面的纵深感。

缺点：透视画面容易形成对称构图，不够活泼。

注意事项：一点透视的消失点在视平线上稍稍偏移画面的1/4至1/3为宜。在效果图表现中，视平线一般定在整个画面靠下1/3左右的位置。掌握一点透视的基本规律与经验作图法，便于我们了解透视与构图的基本关系。

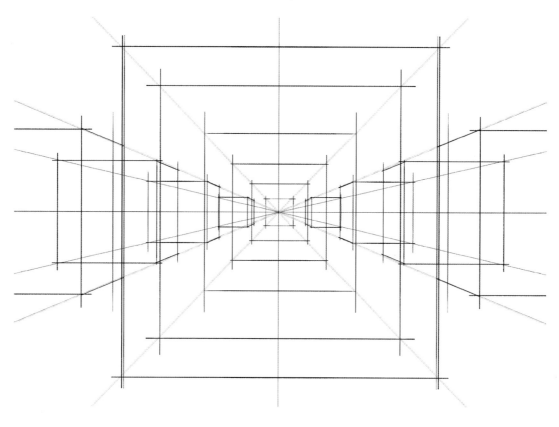

6.1.2 一点透视线稿绘制步骤

根据第 4 章绘制的平面图，选择合适的角度，绘制一点透视效果图。

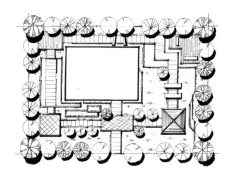

以此方案为例

景观空间透视图线稿表现

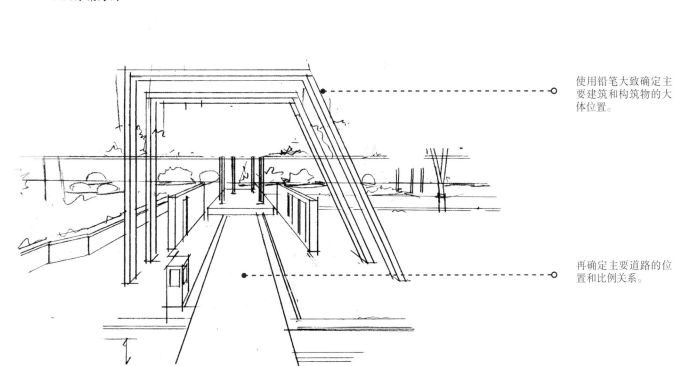

使用铅笔大致确定主要建筑和构筑物的大体位置。

再确定主要道路的位置和比例关系。

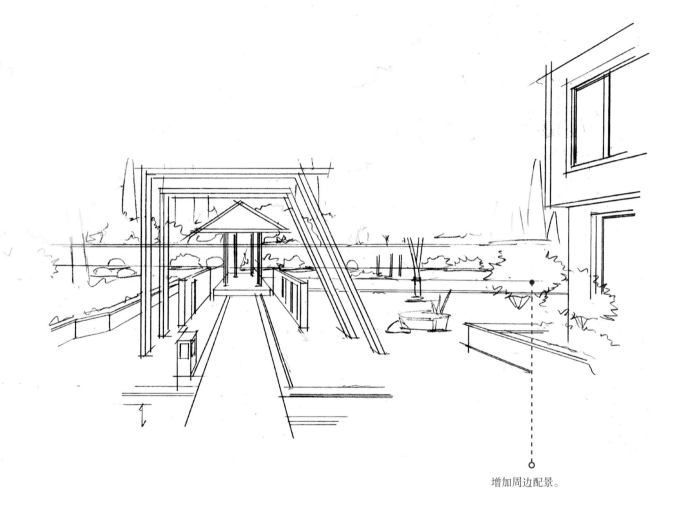

增加周边配景。

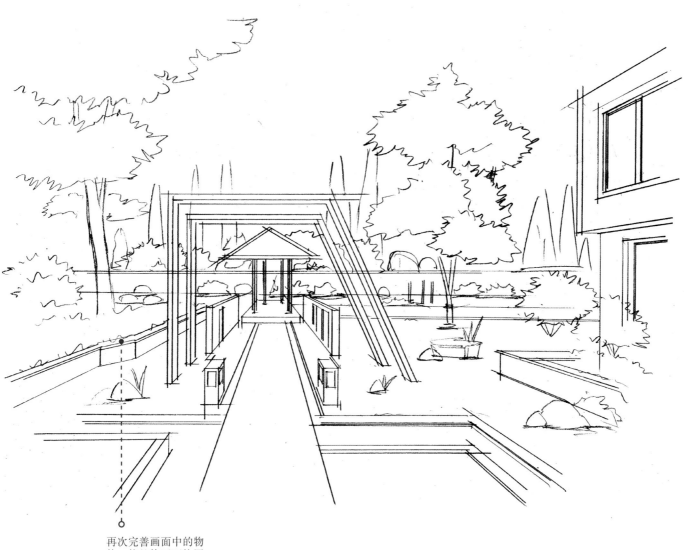

再次完善画面中的物
体，使整体画面构图
饱满、丰富。

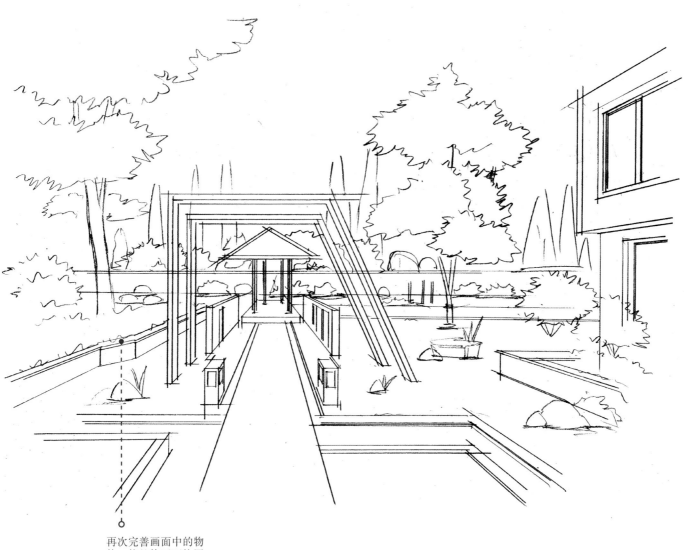

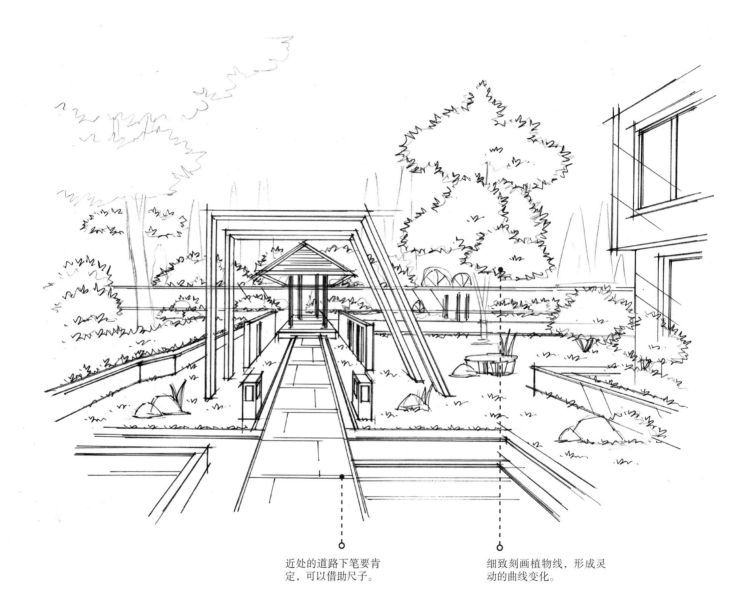

近处的道路下笔要肯
定，可以借助尺子。

细致刻画植物线，形成灵
动的曲线变化。

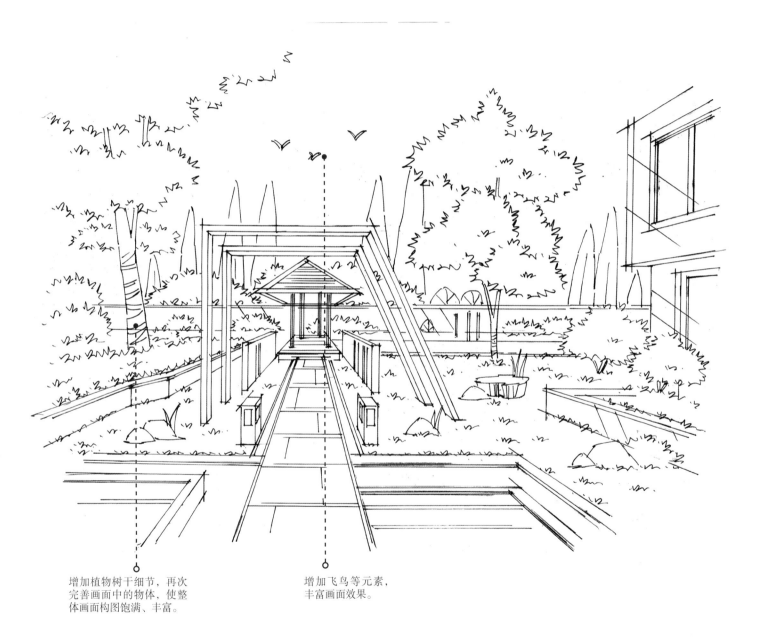

增加植物树干细节，再次
完善画面中的物体，使整
体画面构图饱满、丰富。

增加飞鸟等元素，
丰富画面效果。

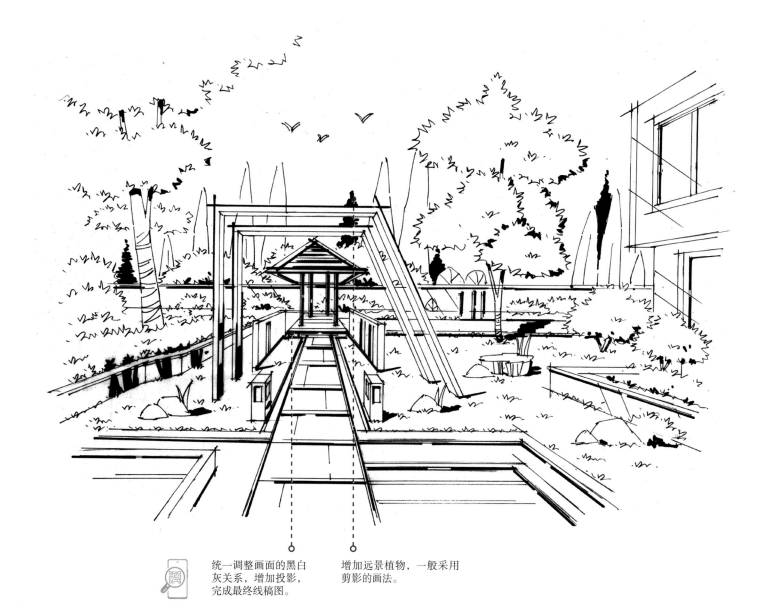

统一调整画面的黑白
灰关系，增加投影，
完成最终线稿图。

增加远景植物，一般采用
剪影的画法。

6.2 两点透视线稿表现

6.2.1 两点透视概念

两点透视也称为成角透视。物体两侧的延长线交汇在视平线上的两点，称为消失点（又称为灭点）。物体只有垂直线平行于画面，水平线才能倾斜聚焦于两个消失点。

特点：有两个消失点。

优点：使画面更灵活、富于变化，适合表现较为复杂和丰富的场景，两点透视在结构上比一点透视多一点美感，运用范围也比较广泛。

缺点：因为有两个消失点，运用和掌握起来比较难，绘图时，如果角度掌握得不好，会有一定的变形。

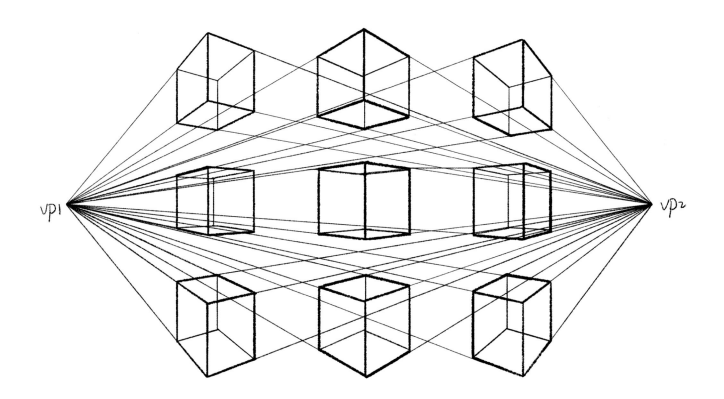

6.2.2 两点透视线稿绘制步骤

根据第 4 章绘制的平面图，选择合适的角度，绘制两点透视效果图。

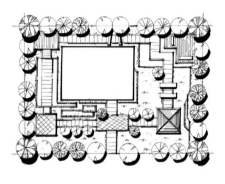

以此方案为例

扫码观看视频

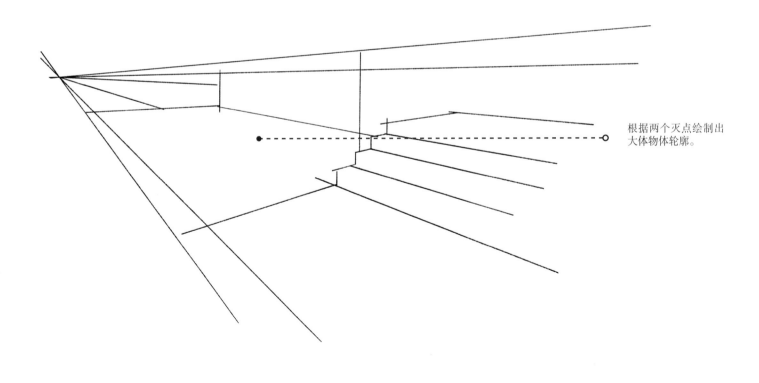

根据两个灭点绘制出
大体物体轮廓。

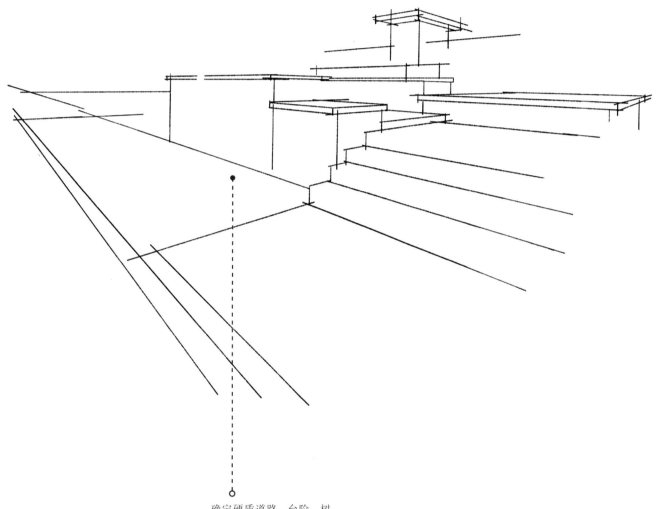

景观空间透视图线稿表现

确定硬质道路、台阶、树
池等物体的比例关系。

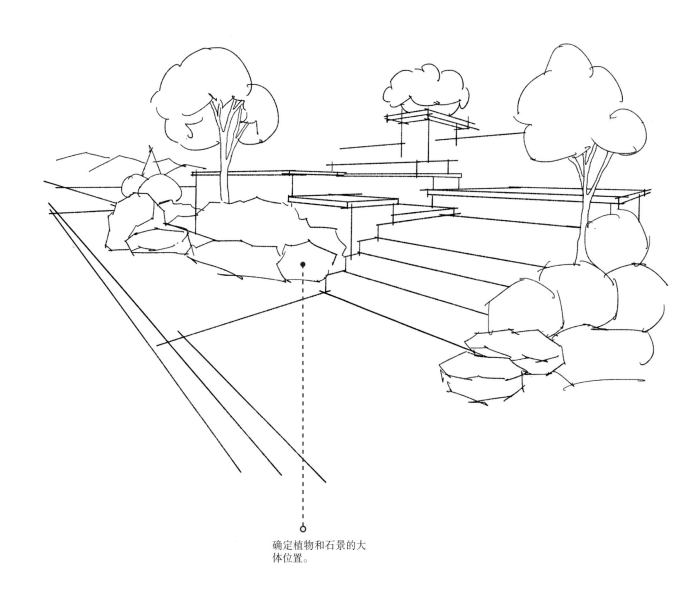

确定植物和石景的大
体位置。

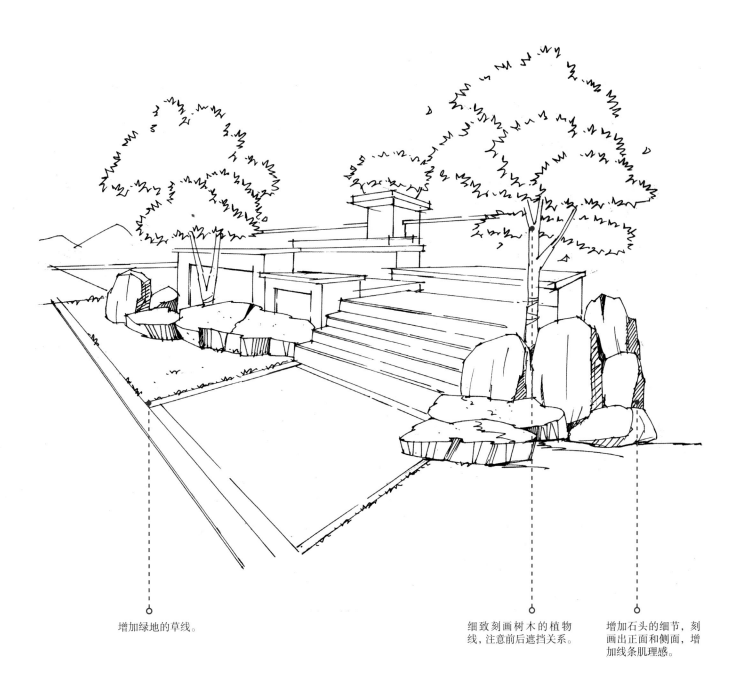

增加绿地的草线。

细致刻画树木的植物
线，注意前后遮挡关系。

增加石头的细节，刻
画出正面和侧面，增
加线条肌理感。

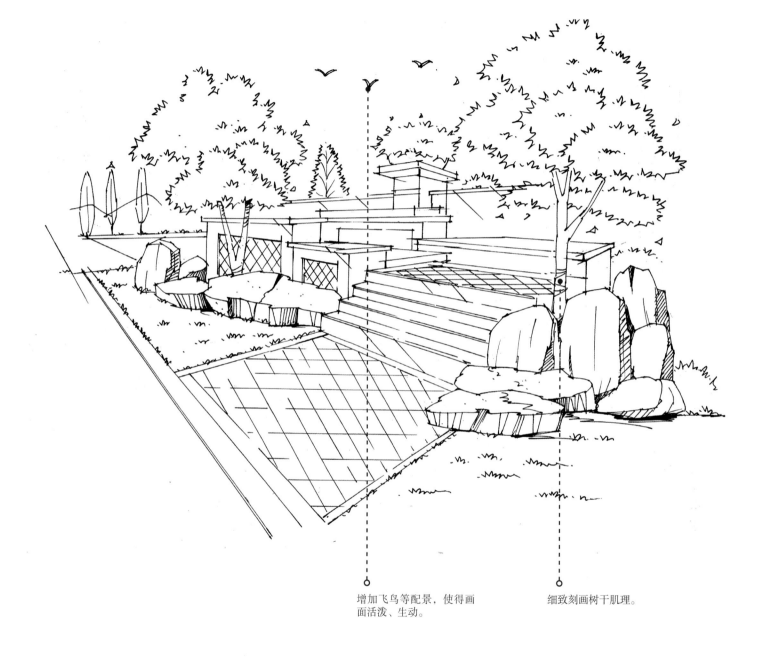

增加飞鸟等配景，使得画
面活泼、生动。

细致刻画树干肌理。

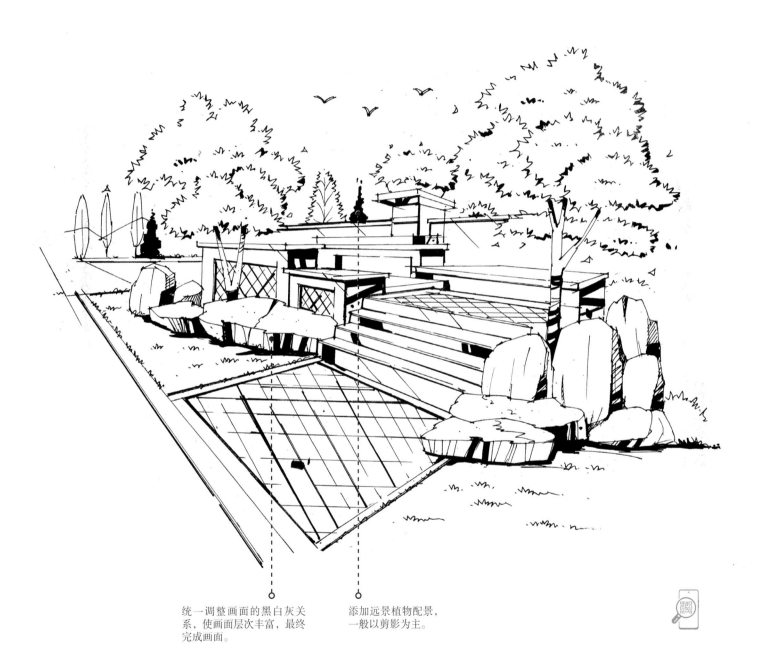

统一调整画面的黑白灰关
系，使画面层次丰富，最终
完成画面。

添加远景植物配景，
一般以剪影为主。

6.3 鸟瞰图线稿表现

6.3.1 鸟瞰图概念

鸟瞰图是根据透视原理，用高视点透视法从高处某一点俯视地面起伏绘制而成的立体图。简单地说，就是在空中俯视某一地区的图像，比平面图更有真实感。

优点：可以生动形象地表现设计方案的空间感。

缺点：鸟瞰图透视关系相比一点透视和两点透视更难掌握。

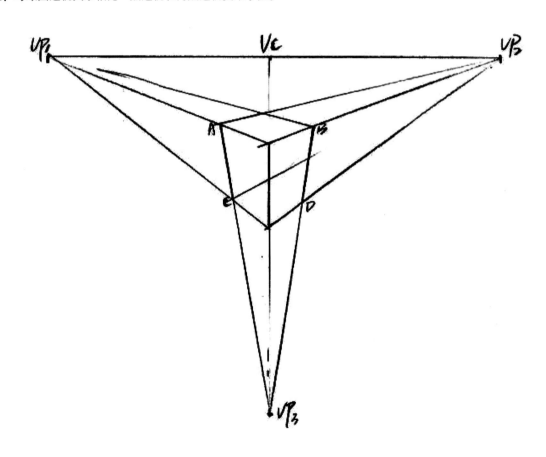

6.3.2 鸟瞰图线稿绘制步骤

根据第 4 章绘制的平面图，选择合适的角度，绘制鸟瞰透视效果图。

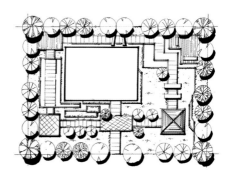

以此方案为例

景观空间透视图线稿表现

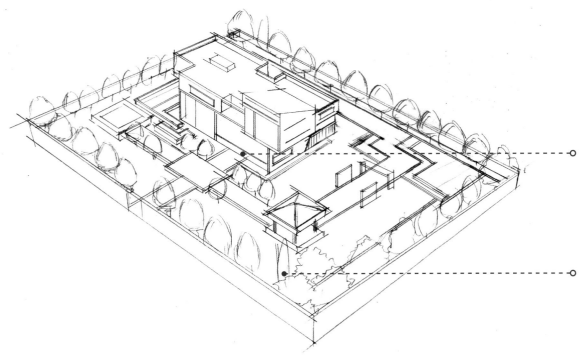

选择一个合适的角度，先勾勒出主要物体的轮廓，注意前后的透视关系。

近处的树木尽量刻画得大一些，后期注意细节的处理。

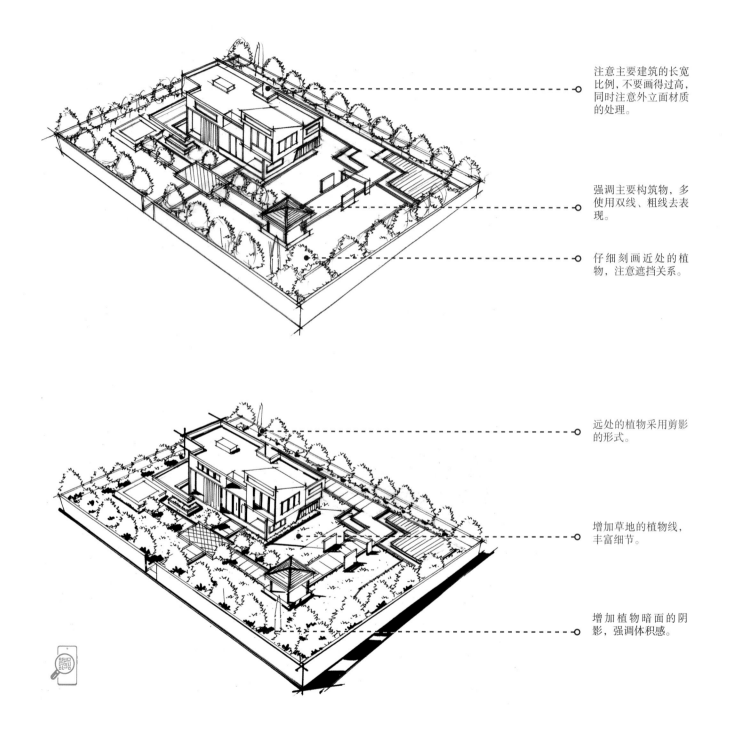

注意主要建筑的长宽比例，不要画得过高，同时注意外立面材质的处理。

强调主要构筑物，多使用双线、粗线去表现。

仔细刻画近处的植物，注意遮挡关系。

远处的植物采用剪影的形式。

增加草地的植物线，丰富细节。

增加植物暗面的阴影，强调体积感。

07

马克笔及彩铅
着色详解

Day
10

7.1　马克笔着色技巧详解

7.1.1 马克笔分类

随着工业科技的发展，马克笔是一种新型的书写、绘画工具，名字源于"Marker"，俗称记号笔。马克笔具有非常完整的色彩系统，可供设计师使用。它是一种速干、稳定性高的绘画工具，在设计行业被广泛地运用，是设计师表现设计概念、方案构思的高效工具。同时，它也被越来越多的绘画艺术家所喜欢和使用，创作出了众多的马克笔绘画作品。

按笔头分

纤维型笔头

纤维型笔头是现在使用最多的，它具有笔触硬朗、锋利，色彩均匀等优点。笔头是多面的，随着笔锋的转动，能画出不同宽度的笔触。纤维型笔头适合空间体块的塑造，适用于建筑设计、景观设计、室内设计、工业设计、产品设计的效果图表现。

发泡型笔头

发泡型笔头也较为常用，它比纤维型笔头更宽，笔触柔和，过渡自然，色彩饱满，非常适合表现园林、景观、水体、人物，多用于景观、园林、服装、动漫等相关专业。

按墨水分

油性马克笔

油性马克笔着色后快干，材质耐水，颜色多次叠加后不会伤纸，颜色柔和，但有刺激性气味。

酒精性马克笔

酒精性马克笔可在任何光滑表面书写，着色后快干，材质耐水、环保。它的主要成分是酒精、树脂。它的墨水具有挥发性，应于通风良好处使用，使用完需要盖紧笔帽，远离火源并防止日晒。

水性马克笔

水性马克笔具有颜色亮丽、透明感强等特点。缺点是多次叠加颜色后，色彩相对灰暗，而且容易损伤纸面，难以掌握。

选择马克笔时，一定要知道马克笔的特性，以及最终呈现在纸面上的效果。哪种马克笔更适合初学者呢？具体分析如下所示。

油性马克笔优点：色彩饱满，覆盖力强，不易掉色。

酒精性马克笔优点：颜色清淡，与彩铅搭配使用效果更好，层次感强。

水性马克笔优点：颜色清淡，似水彩。

所以建议初学者使用酒精性马克笔。

马克笔品牌介绍

国外品牌

（1）美国 AD，属于油性马克笔，发泡型笔头，价格较为昂贵，但效果较好，颜色近似于水彩的效果，每支售价 18~20 元。

（2）美国三福 SANFORD，属于油性马克笔，发泡型笔头，双头，可以通过变化笔头角度画出不同的笔触效果，颜色较为柔和，每支售价 8~12 元。

（3）美国犀牛 Rhinos，属于油性马克笔，发泡型笔头，双头，笔头较宽，色彩饱满，性价比较高，每支售价 8~10 元。

（4）日本 COPIC，属于酒精性马克笔，纤维型笔头，快干，混色效果好，每支售价 28~30 元。

 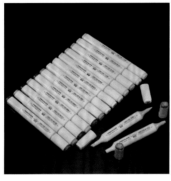 

◆ AD 油性马克笔　　　　◆ 法卡勒酒精性马克笔　　　　◆ 遵爵双头水性马克笔

国内品牌

（1）法卡勒，属于酒精性马克笔，纤维型笔头，价格合理，效果很好，每支售价 4 元左右。

（2）斯塔，属于酒精性马克笔，纤维型笔头，价格便宜，效果良好，每支售价 3 元左右。

（3）凡迪 FANDI，属于酒精性马克笔，发泡型笔头，价格便宜，适合学生、初学者练手，每支售价 3 元左右。

（4）遵爵，属于水性马克笔，整体颜色较浅，不适合快题考试，每支售价在 3 元左右。

资料参考：https://wenku.baidu.com/view/68b1fb036edb6f1aff001f91.html?fr=income1-wk_app_search_ctr-search

马克笔及彩铅着色详解

7.1.2 马克笔特性

对于设计师来说，马克笔是非常高效的表现工具，它具有色彩丰富、干净、清晰，使用方便，笔触快捷概括等优点，并且表现效果具有较强的时代感和艺术感。

马克笔色彩清新、通透，笔触极其丰富，使用方便，便于携带，是设计师必备的工具。同时，马克笔也是设计类学生考研必备的工具。马克笔笔尖有楔形方头、圆头等多种形式，可以画出粗、中、细不同宽度的线条，通过不同的排列组合，可以呈现出不同的明暗效果和笔触，具有较强的表现力。每一支马克笔的颜色是固定的，在一百多种色彩的笔中选择画面所需要的颜色，通过笔触的排列、叠加来完成画面的色彩、明暗、空间效果表现。

马克笔的优点：马克笔是一种快速、简单的渲染工具，使用方便，其颜色相对稳定。快速表达创意、大胆构思时，马克笔是首选的工具。

马克笔的缺点：使用时不易保持清晰的边缘，在快速表现中，需要用墨线适当地补充马克笔的效果，强化形体的轮廓感。马克笔不能表现所有的材质，例如在表现粗糙材质或过渡灯光时，需要采用彩铅进行柔和过渡。马克笔的色彩不易调和，在调和叠加的时候，需注意用笔的轻重、缓急。需要注意冷暖叠加，使用不当可能会使画面变脏。

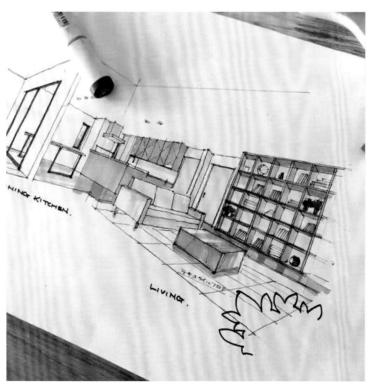

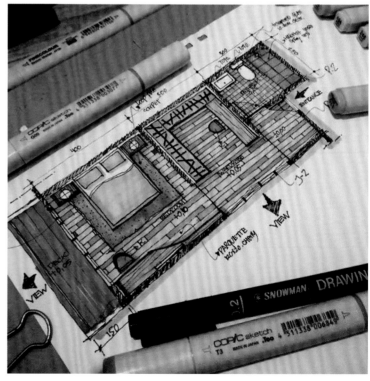

7.1.3 色彩知识

色彩是构成物体和空间不可缺少的因素，色彩对空间塑造和环境渲染尤为重要。设计者可以利用色彩来表现和完善自己的设计意图，强化设计效果。所以在进行色彩练习时，要根据自身专业的特点，有针对性地进行色彩训练。

从科学的角度来分析色彩，色彩的基本规律和内在联系是学习色彩的重点。

色相、明度和纯度是构成色彩的三大基本要素。色相是指不同色彩的名称，不同的色相可以理解为不同的颜色，它是色彩最明显的特征。红、橙、黄、绿、青、蓝、紫是色彩最基本的色相，色相让自然界变得五彩缤纷。明度又称为"光度"或"亮度"，它是指色彩的明亮程度。因为不同的有色物体在反射光亮上会有所差别，所以在颜色上会产生明暗强弱。明度分为高调、中调、低调三大调子，三大调子可以分别呈现不同的时间、气氛。例如，阳光明媚的天气可用高明度的基调，阴天、光线不强时可用中明度的基调，而傍晚和夜晚则可用低明度的基调。纯度又称为"饱和度"，是指色彩的纯净程度，它表示颜色中所含有色成分的比例，比例越大，色彩纯度越高，比例越小，色彩纯度越低。

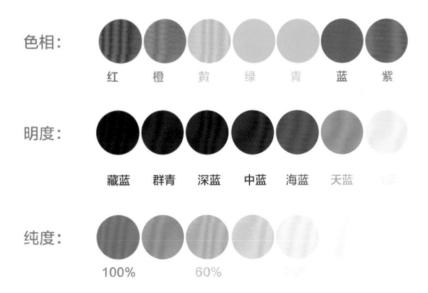

除了三大基本要素，色彩依据不同的属性还有多种分法：依据人们对不同的色彩产生的感觉和联想，可分成冷色系和暖色系；依据物体总处于某种光线的照射下，并受到周围环境的影响，可分为固有色、光源色和环境色。同时，物体离人们近时显得暖、亮、清晰、对比强，物体离人们远时则显得冷、灰、模糊、对比弱。作为设计师，必须运用科学的逻辑思维方式，对色彩的基本要求进行合理的选择和组织，从而使手绘表现达到科学性、艺术性的完美结合。

7.1.4 马克笔技法

笔触形式

马克笔的笔触表现应该具有肯定性，马克笔应当下笔准确、肯定，不拖泥带水。干脆而利索的笔法符合马克笔的特点，在下笔前应该对色彩的特性、运笔方向、运笔长短都要考虑清楚，避免犹豫，避免笔调琐碎、磨蹭、迂回，最终达到运笔流畅、一气呵成的效果。马克笔常用的四种笔法：摆笔、扫笔、点笔、揉笔。

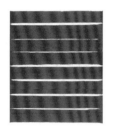   

摆笔

摆笔是马克笔最常用的笔法。这种笔法较为简单，沿着一个方向排列，画的时候注重画面效果，尽量统一，避免长短不一、参差不齐。摆笔的时候注意用笔要快速、明确、流畅，同时也要有力度。排列的线条应该有起笔和收笔的痕迹，如果运笔较慢会形成晕染，尽量不要停顿，最终形成行云流水的感觉。摆笔笔法适合地面、顶面等比较大的块面塑造，笔触应该做到工整、协调、统一。

扫笔

扫笔是在摆笔过程中速度更快的笔触形式，在起笔后立刻收笔形成虚化效果，必须保证看不到收笔笔触，整个线条有从实到虚的感觉。扫笔有长有短，注意控制收笔时机。扫笔适合画物体亮面、灯光阴影、水面，等等。

点笔

点笔也是常用的一种笔触形式，成点状或块状，使用比较灵活，同时需要考虑整体性，不能滥用。点笔常用来表现小物体和室内外植物，有时可以作为画面点缀，在大面积摆笔区块适当有点笔笔触。

揉笔

揉笔是刻画不规则笔触的方式，常使用马克笔侧锋进行涂抹，画出想要的形态，一般树木、云彩多用揉笔表现，应注意笔触的叠加关系，多用单色或同色系分出黑白灰对比关系。

粗细变化

马克笔的笔头呈菱形状,使用笔头的不同角度可以画出不同宽度的线条。使用时要组织好宽笔触的衔接,平铺时应该对粗、中、细线条进行搭配,避免死板。

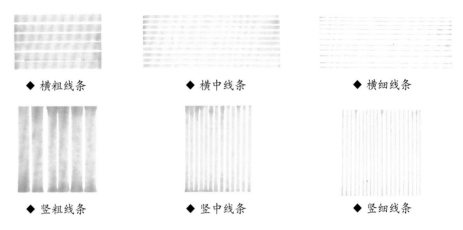

◆ 横粗线条　　　　◆ 横中线条　　　　◆ 横细线条

◆ 竖粗线条　　　　◆ 竖中线条　　　　◆ 竖细线条

马克笔退晕表现

色彩逐渐变化的着色方式称为退晕。刻画物体时,每个色块不要均匀着色,尽量有色相、纯度、明度上的变化,这样形成的色块颜色比较丰富。

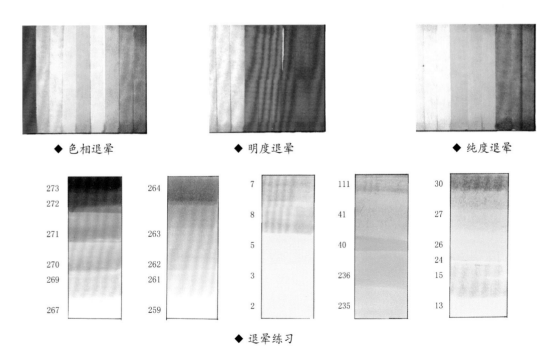

◆ 色相退晕　　　　◆ 明度退晕　　　　◆ 纯度退晕

◆ 退晕练习

马克笔及彩铅着色详解

7.2 彩铅着色技巧详解

7.2.1 水溶彩铅和油性彩铅

水溶彩铅的主要特质是绘画后，用毛笔蘸水涂抹彩铅笔触最终呈现出水彩的效果。油性彩铅是采用油性材料制作而成的，呈现浓烈、厚重的效果。水溶彩铅和油性彩铅的区别如下所示。

（1）采用水溶彩铅绘制的作品一般呈现通透、清爽的效果；采用油性彩铅绘制的作品一般呈现油亮的效果。

（2）水溶彩铅就好比是涂料，比较轻薄；油性彩铅就好比是油漆，比较厚重。

7.2.2 彩铅介绍

以辉柏嘉品牌彩铅为例。辉柏嘉品牌的彩铅分为红盒、蓝盒及绿盒三种系列，其中每个系列有 12 色、24 色、36 色、72 色、120 色等可以挑选，包装分为纸盒、塑料盒、铁盒、皮盒、木盒等。红盒又称为儿童级，适合初学者涂鸦；蓝盒为学院级，适合一般的绘画爱好者；而绿盒则是专业级，供艺术家使用。等级越高，彩铅手感越好，但价格越贵。每种级别的彩铅都可以简单分为水溶性和油溶性两种，水溶彩铅可以画出水彩的质感，颜色透明、自然；油性彩铅较为传统，笔触细腻，叠色效果好。

资料参考：http://c.diaox2.com/view/app/?m=show&id=1881&ch=goodthing

7.2.3　彩铅笔触

　　彩铅经常与马克笔搭配使用，马克笔的颜色相对强烈，所以需要采用彩铅进行过渡。彩铅的笔触相对好掌握，基本和普通铅笔类似，颜色叠加从浅到深，尽量避免不同色相的颜色大面积叠加。

◆ 彩铅从浅到深变化练习

7.3 不同材质马克笔表现

　　在表现不同的材质时，首先要考虑这种材质的质地和光泽度，先刻画材质的固有色，再叠加环境色对它的影响。同时，在转折的地方用高光笔画出高光，提升材质整体光感。

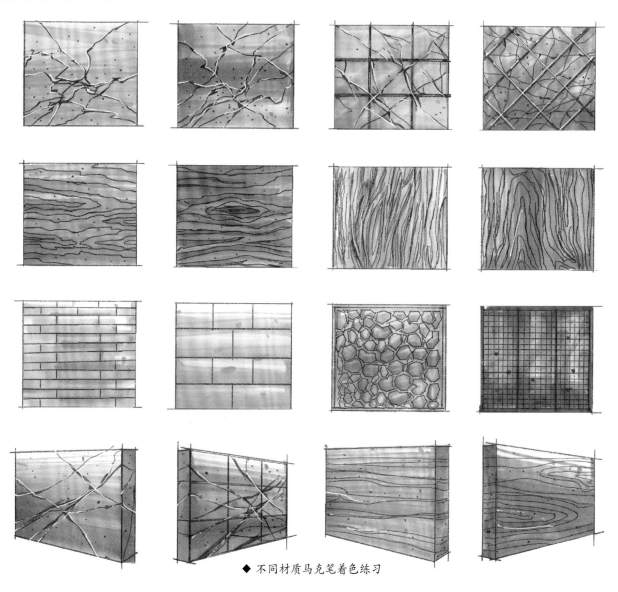

◆ 不同材质马克笔着色练习

08

景观单体着色表现

8.1 平面图单体着色表现

8.1.1 单体植物着色表现

　　练习着色时，单体植物是最基础的单元。单体植物着色时要注意光线的方向，一般从左上方或者右上方受光，这样就能划分亮面、灰面、暗面三个层次。亮面可以适当留白，在颜色选择上一般不要太过艳丽，在适合的灰度中选择 2~3 支马克笔进行刻画。

◆ 单体植物着色练习

景观快题设计表现方法与案例评析

◆ 单体植物着色练习

景观单体着色表现

8.1.2　树群（树丛）着色表现

　　树丛着色的方式和单体植物着色的方式类似，可以将树丛看作是由不同数量的单体植物组成的，主要刻画边缘，添加投影时沿着树丛整体的外形加重，注意投影应该体现粗细变化的效果。

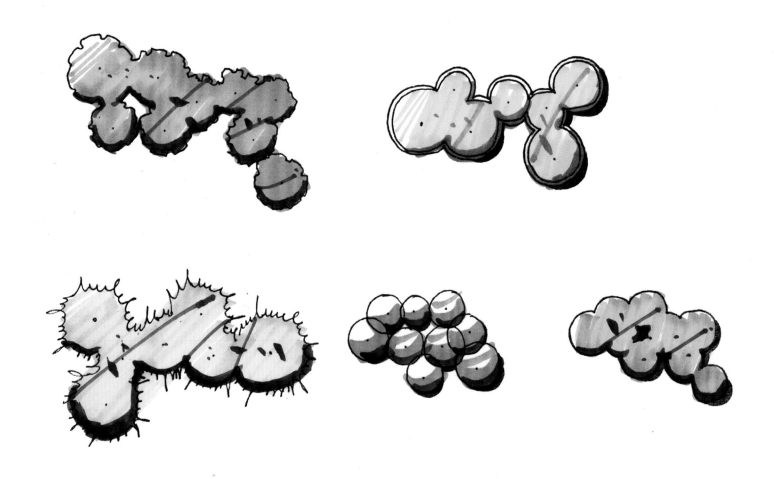

◆ 树群（树丛）着色练习

8.1.3　灌木和地被着色表现

　　一般情况下，灌木和地被颜色的灰度低于乔木，主要以平铺为主，同时可以用马克笔在适当位置添加线条，以丰富植物的层次，再在植物边缘增加重色投影，形成更加立体的效果。

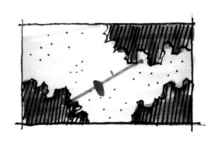

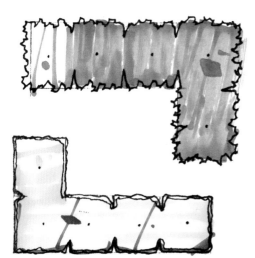

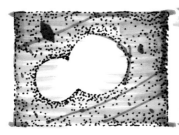

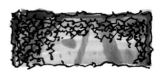

◆ 灌木和地被着色练习

8.1.4 植物组团着色表现

植物组团着色时可以参考单体植物着色的要点，同时注意颜色搭配，尽量采用 2~3 种颜色进行搭配，以 1 种颜色为主，辅助 1~2 种其他颜色，着重刻画大的树木，形成多层次的植物搭配。

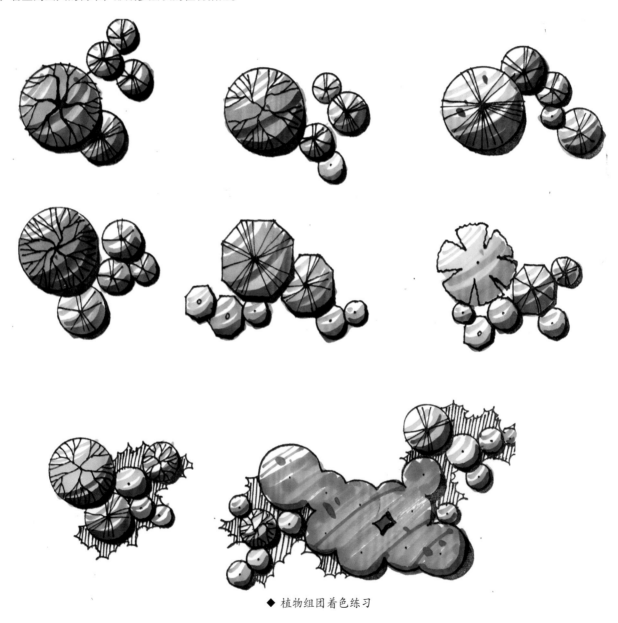

◆ 植物组团着色练习

景观快题设计表现方法与案例评析

8.1.5 铺装材质着色表现

搭配铺装材质的色彩时，应充分考虑空间的分割和使用者的心理感受，在不同的区域，铺装材质的色彩应与周围环境相协调。铺装的质感可以通过材料的质地表现出来，粗犷质感的材料和细腻质感的材料在不同的空间环境中会带给人们不同的感受。纹样有修饰空间环境的作用，可以使用各式各样的铺装纹样来衬托和美化环境，增加景观的丰富性。在不同的环境中，铺装纹样也不同。着色时应尽量采用冷灰、暖灰色系进行平铺，在转折处增加重色。

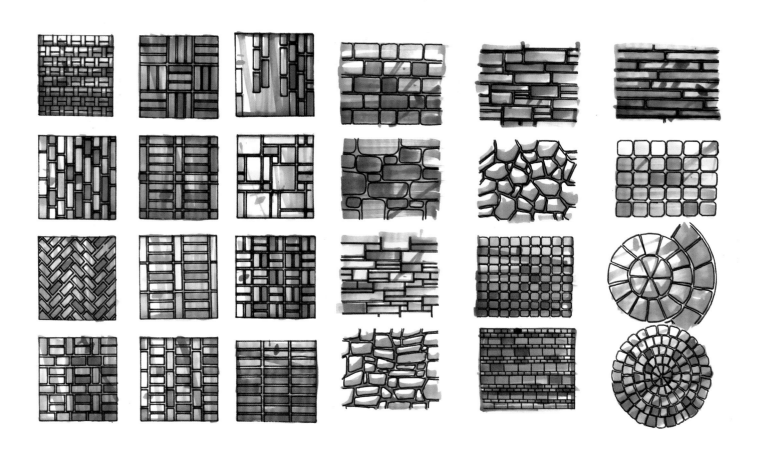

◆ 铺装材质着色练习

8.1.6 景观水景着色表现

水体是景观设计中常见的元素，着色时应该先用浅色平铺一层，再加重水体的边缘，在适当的位置增加波纹的线条，体现水体涟漪的效果。

◆ 景观水景着色练习

8.1.7 平面节点着色表现

平面节点着色中应该注意整体的颜色搭配，主要突出构筑物和主要植物，地被和道路应该被弱化，体现色彩的层次感，但是应该保证色彩的统一性。

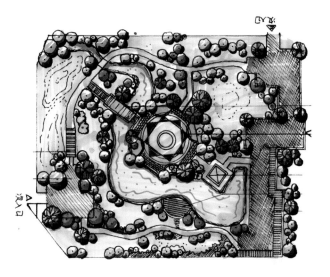

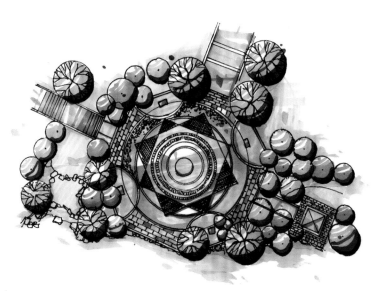

◆ 平面节点着色练习

8.2.1 乔木、灌木着色表现

乔木

乔木一般为高的树木，着色表现时应该考虑受光方向，画出 3 个层次的色调，同时可以增加一些线条或者笔触的灵动感。

◆ 乔木着色练习

灌木

灌木着色表现和乔木类似，颜色纯度一般比乔木低，以区别主次关系。

◆ 灌木着色练习

景观单体着色表现

8.2.2　花卉着色表现

　　花卉着色时，应该考虑枝叶的穿插关系，前端的枝叶亮一些，同时受光一侧适当留白。

◆ 花卉着色练习

景观快题设计表现方法与案例评析

◆ 花卉着色练习

8.2.3　景观水景着色表现

水景着色时，应该按照水流的方向和波纹的样式进行，波纹中心的颜色对比更强烈，波纹边缘的颜色对比要稍弱一些，笔触趋于缓和。

◆ 景观水景着色练习

8.2.4　景观山石着色表现

山石着色时，一般采用冷灰或者暖灰色系，笔触锋利，亮面和暗面的对比要强烈，可以适当搭配环境色，体现光感。

◆ 景观山石着色练习

◆ 景观山石着色练习

景观单体着色表现

◆ 景观山石着色练习

8.2.5 人物、汽车着色表现

人物和汽车作为景观配景，不宜细致刻画。汽车以冷色调为宜，人物着色时男性一般采用冷色调，女性和儿童一般采用暖色调，或者采用纯色进行刻画。

◆ 人物、汽车着色练习

8.2.6 景观小品着色表现

景观小品着色时，应该注意主次关系，着重突出硬质构筑物、景观设施等。对于植物的刻画，应该分为近景、中景、远景。

◆ 景观小品着色练习

09

平面图、立面图
着色表现

Day
12

9.1 平面图着色绘制步骤

扫码观看视频

根据第4章绘制的平面图进行上色，平面图上色前应确保画面的黑白灰关系对比足够强烈。上色时应本着由浅到深的原则进行，注意颜色搭配，使纯度、明度和谐统一。

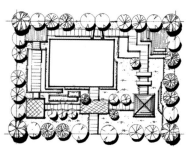

平铺一层浅蓝色表现水池。

平铺一层草地颜色，颜色纯度要低于植物的绿色。

着重刻画构筑物，体现光感。

一般外侧植物颜色以绿色为主，可以采用1~2种绿色进行搭配。

整体道路一般以冷灰色系为主，颜色不宜过重。

景观快题设计表现方法与案例评析

平面图、立面图着色表现

加重水池的边缘，体现水的深度。

用深一点的灰绿色对草坪的暗面颜色进行加深刻画。

庭院中间适当搭配一些彩叶树，颜色一般以黄色、紫色为主。

9.2 立面图着色绘制步骤

扫码观看视频

根据第 5 章绘制的立面图进行上色，注意近景、远景的色彩对比，一般近景色彩纯度较高，远景色彩纯度较低。

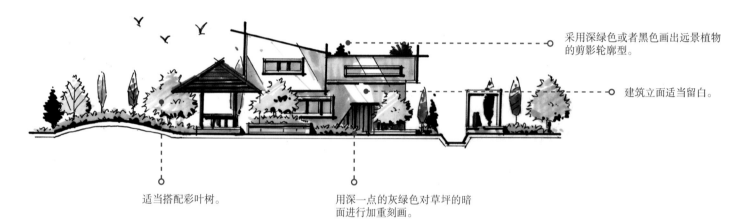

采用深绿色或者黑色画出远景植物的剪影轮廓型。

建筑立面适当留白。

适当搭配彩叶树。

用深一点的灰绿色对草坪的暗面进行加重刻画。

添加云彩，增强天空层次感。

用重一点的灰绿色对植物的暗面进行加重刻画。

加深植物暗部颜色，增加层次感。

着重刻画亭子等构筑物。

10

景观空间效果图
着色表现

Day
13

10.1 一点透视着色绘制步骤

效果图着色时，应按照由浅到深的上色顺序，注意固有色和环境色的融合，前景景观应当对比强烈，中景、远景色彩应对比弱化，形成由近及远的空间感。

扫码观看视频

植物着色时，应该首先考虑受光方向，用相同方向的笔触平铺1~2遍颜色。

主要构筑物着色时，应该选用纯度较高的颜色，以突出它的主体地位。

草地着色时，平铺浅绿色，在草地暗面可以多涂一层浅绿色，丰富层次感。

增加天空颜色。

景观空间效果图着色表现

画出远景植物配景。着色时以
平铺为主，减少笔触变化。

画出水景和木
质平台。

使用比第一遍上色时深一些的颜色，
加重草地的暗面颜色，增强层次感。

加重植物暗面颜色。

加重水景颜色。

丰富石头的层次感。

使用蓝色彩铅增加天空的肌理感。

使用绿色彩铅增加植物的层次感。

10.2 两点透视着色绘制步骤

扫码观看视频

采用浅绿色平铺植物区域。

适当增加远景配景。

采用暖灰色平铺石头区域。

草地着色时，平铺浅绿色，在草地暗面可以多涂一层浅绿色，丰富层次感。

景观快题设计表现方法与案例评析

增加植物中间层次，
注意笔触方向。

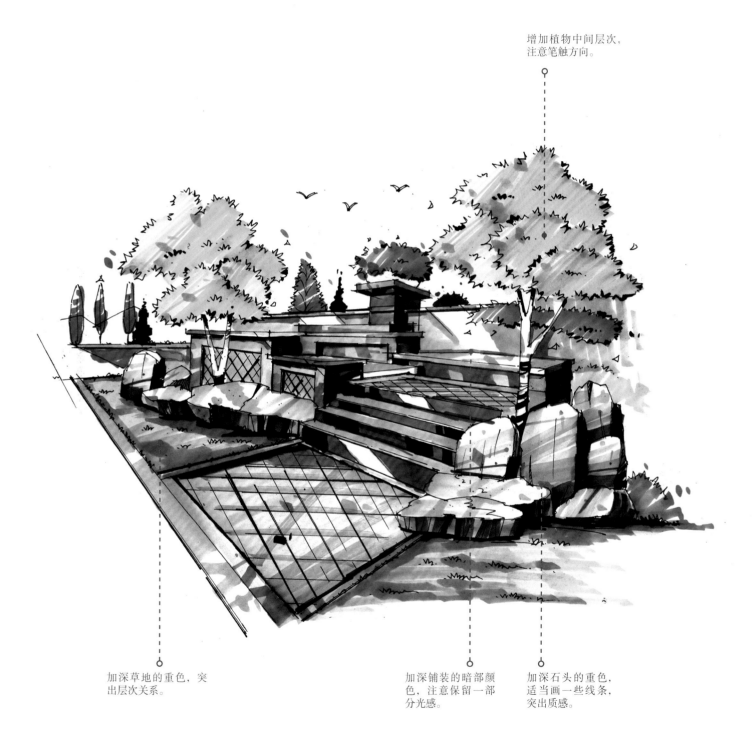

景观空间效果图着色表现

加深草地的重色，突
出层次关系。

加深铺装的暗部颜
色，注意保留一部
分光感。

加深石头的重色，
适当画一些线条，
突出质感。

画出天空，注意应该使用倾斜
的笔触，凸显灵动感。

增加石景的环境色。

刻画树干，颜色一
般以深木色为主。

增加线条，完善树木
的最终形态。

添加彩铅笔触，增强质感。

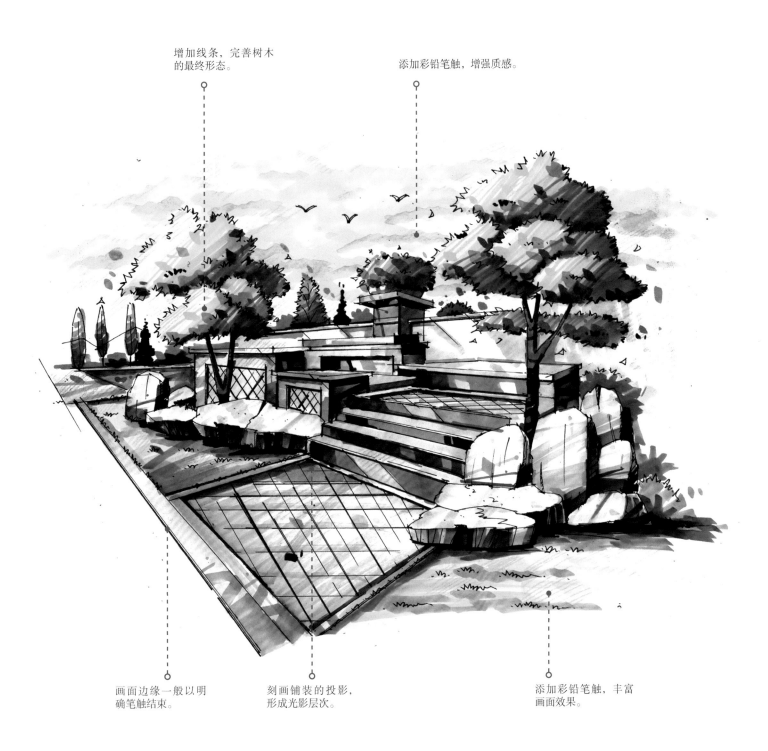

景观空间效果图着色表现

画面边缘一般以明
确笔触结束。

刻画铺装的投影，
形成光影层次。

添加彩铅笔触，丰富
画面效果。

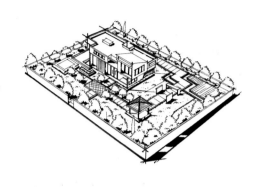

鸟瞰图着色和效果图着色类似，由于鸟瞰图尺度更大，因此对空间感的表现要求更高。色彩搭配上应遵循前实后虚、前亮后暗的原则。

扫码观看视频

水景着色时，应按照相同的方向进行上色。

根据平面图的颜色，将道路和木质平台进行平铺上色。

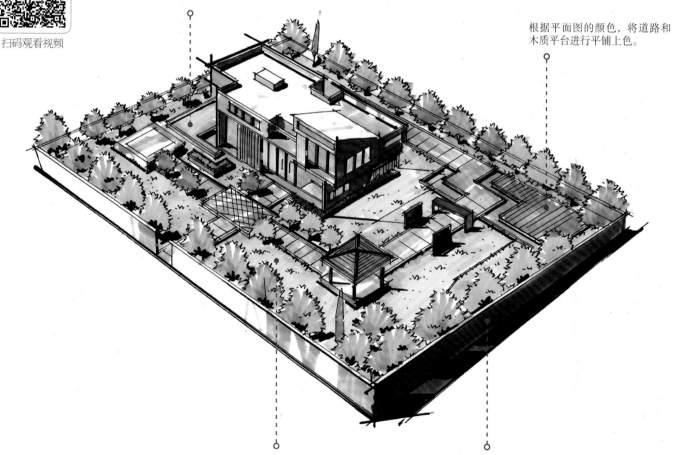

草地第一遍着色时，颜色不宜过重。

根据受光方向，对围墙进行上色，加深背光面的颜色。

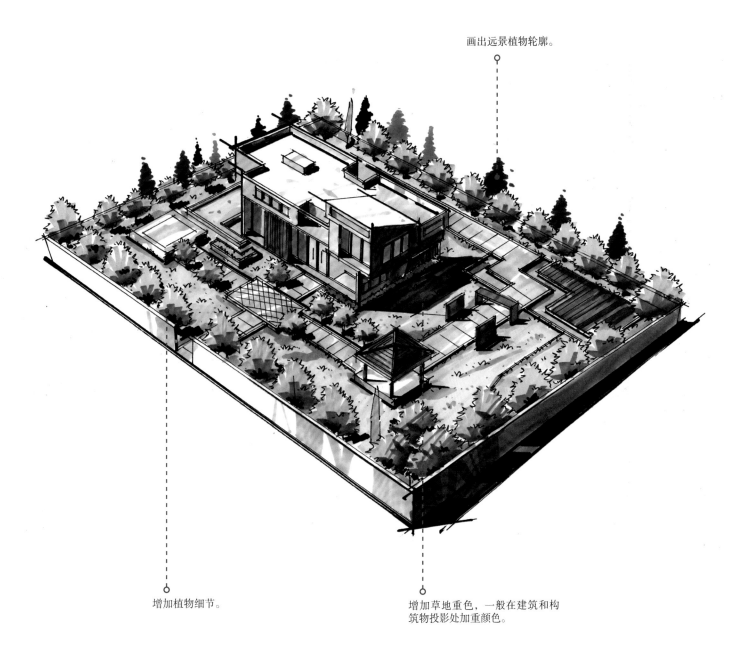

画出远景植物轮廓。

增加植物细节。

增加草地重色，一般在建筑和构筑物投影处加重颜色。

景观空间效果图着色表现

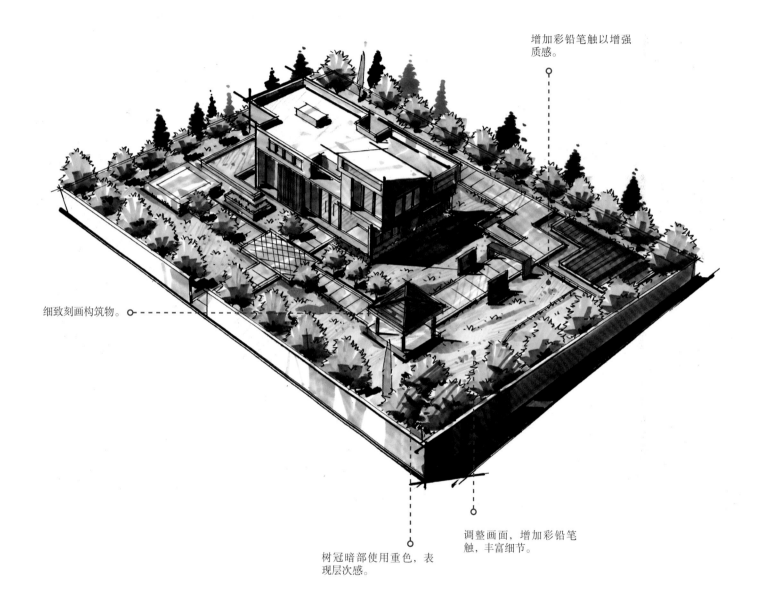

增加彩铅笔触以增强
质感。

细致刻画构筑物。

树冠暗部使用重色，表
现层次感。

调整画面，增加彩铅笔
触，丰富细节。

11

景观设计考研真题
模拟训练

Day
14-19

11.1 景观快题设计思考模式

11.1.1 手绘与快题设计

　　手绘，就是通过手快速在纸张上画出需要表达的空间，是设计思维的一种最直观的呈现方式。手绘不仅是考研快题设计最终效果的表达方式，也是前期学习设计的过程中培养设计能力的必备基础。快题设计和手绘有着相辅相成的关系，正所谓没有好的设计就没有表现的灵魂。如果没有好的表现形式，即使设计创意再好也无法抓人眼球。无论是在设计初始的草图阶段，还是在设计方案推进的过程中，手绘无疑具有很大优势。它不仅能促进设计方案的有序展开，并沿着正确的设计方向发展，还能不断提高设计者的专业设计素质。在进行快题设计的前期，大量的手绘训练是必不可少的，手绘是快题设计的基础，只有打好基础，在进行快题设计时才能既保证质量又保证速度。

　　快题设计是指在有限的时间内完整表达出自己的想法构思及设计成果的设计方案，将设计方案编排在一张或多张图幅上，并完整流畅地表达出来。目前研究生快题设计时间通常为 3 或 6 个小时。快题设计是一种综合能力的体现，也是一种图示思维的表达方式。快题设计可以分为建筑快题、城市规划快题、景观园林快题、室内快题、工业产品快题等。不同院校对考研快题的考试时间、效果图、图纸的要求均不同，需要根据报考院校考试大纲进行针对性的练习。

11.1.2 快题设计能力与表现的训练方法

　　要掌握快题设计能力，前提就是要具备一定的专业理论知识与设计表达能力，设计表达能力的形成需要平时不断地训练，以此积累经验。在学习快题设计之前，可以多了解一些正规的平面设计图，临摹一些名家的设计图纸，研究其设计思想和设计手法，对方案设计、平面布局、立面布局等反复琢磨。严谨规范的练习，有利于考研快题设计的训练。在平时的练习中，也要关注一些考研常考的类型，多学习优秀的设计方案，发现自己的不足，最后把优秀的设计思路和自己的设计思路融会贯通，形成自己的风格。练习的材料可以是自己报考院校的历年真题，也可以选一些优秀院校的真题。一个平面尝试画出多个方案，用不同的方式和风格去设计，反复练习，才能在最后快题设计时根据图纸要求手到擒来。要记住，想要画好手绘就要进行长期的练习，快题设计亦是如此。

　　设计能力是在一个长期积累的过程中形成的，想在短时间内突破很难。可能通过短时间的训练，手绘能力会有一定的提高，但快题设计能力的体现不只通过手绘，也可以通过方案设计进行表达。在快题设计考试中，手绘质量直接影响设计的整体效果，方案设计的表达则体现出了一个设计师的设计水平，所以，两者同样重要。当手绘和设计表达能力匹配之后，应该提速，因为快题设计的要求就是快！

　　在表现训练的过程中，一开始就能根据快题设计要求给出空间设计方案有点难，所以需要多练习。首先适当的临摹（单体、效果图）是必不可少的，在经过一段时间的练习之后，随着手绘能力逐渐提高，便可以接触方案的练习。一步一个脚印地走，循序渐进。

11.1.3 景观快题方案形成的过程

从基地分析，到完整的设计方案，在这个设计过程中要求设计者有清晰的思路。在方案设计之初，设计者需要了解景观快题设计的规范和标准。

优秀的设计方案对设计者的基本功要求较高。设计时首先要保证设计风格的统一性，设计思路要清晰有序，图纸画面要完整，设计内容要有主有次、对比突出、虚实结合；其次要保证线条流畅，植物疏密有致。可以按照基地分析、功能定位、功能布局、景观结构、空间细化、植物配置的顺序进行规划设计。

在对基地进行分析之后，设计者就要根据基地情况进行准确定位。居住区、商业街、公园、广场、滨水等功能不同，设计形式也会有很大的区别。对于功能定位的构思，除了明确任务书中的设计要求，还可以通过基地区位环境、服务对象等因素进行判断。

景观结构在设计中起着很重要的作用，它是景观规划的骨架，是整体画面的关键。其风格分为三种，即自然式、规则式、自然式和规则式相结合。设计时，单纯地运用自然式或规则式的景观结构很少见，通常运用自然式和规则式相结合的方式，其表现方式是以一种方式为主，另一种方式为辅。景观结构由入口、道路、水系和节点组成。入口的位置对景观结构有着非常重要的作用，它决定了道路的方向。主入口一般设置在人流量比较大的位置，方便人们出入。景观道路会构成景观轴线，景观轴线通常会连接很多重要的景观节点。景观节点一定要有主有次。景观结构要秩序性。

植物搭配对整体方案作用重大，植物可以起到强化景观结构的作用，使得景观结构更加清晰。植物可以起到围合空间的作用，可以通过乔木的不同排列组合，以及搭配灌木、花卉来围合空间。植物可以独立成景，在一些重要节点，可以采用造型树孤植的方式来独立造景，形成视觉中心。可以利用植物丰富画面，采用孤植、对植、树丛、灌木、花卉等元素以自然式或规则式的方式种植，来营造多层次的画面。

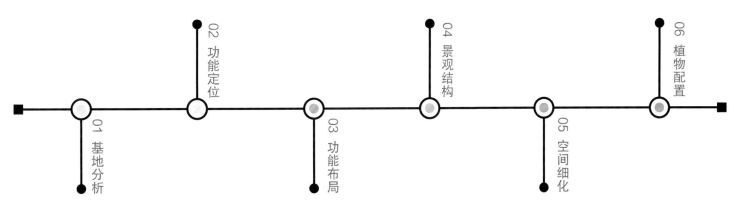

基地分析是指对快题考题的设计区域进行解读，了解地块的信息是设计的关键。设计者可以从基地现状、周围环境、服务对象、历史人文等方面，加深对基地的了解。在景观快题设计中，任务书的内容一般分为四个方面：基地概况、设计要求、时间要求及图纸要求。任务书通常以文字结合平面图的方式介绍基地概况，从而向设计者提出设计目标及要求。

功能布局是指依据基地设计的公共性、私密性等的不同，将空间进行划分，把具有相同或相近性质的区域设置在一起。面积较大的基地，分区较多，功能分区明显；面积较小的基地，分区较少，功能分区不明显。功能分区的设计具有主观性和灵活性。

空间细化的主要对象是景观节点。在景观结构设计中，景观节点只是被粗略地概括，而在现阶段要对节点进行深入设计，以提高景观节点的观赏性。可以灵活地运用建筑构筑物、景观小品、植物等来围合空间，使得空间生动、有趣。同时也可以进行铺装的细化，采用不同的铺装形式，使画面形成主次路网。

11.1.4 景观快题的时间分配

在考研手绘中一般多以 3 小时快题和 6 小时快题为主。如果想在规定的时间内完成一套完整的快题，时间的分配和合理的绘图顺序尤为重要，接下来以 3 小时快题和 6 小时快题为例，进行快题时间分配的讲解。

3 小时快题

在考试开始后 10 分钟左右，需要完成方案构思，并在之后的 20 分钟内完成平面图的线稿。在 20 分钟甚至更短时间内完成剖立面图，剖立面图的绘制力求简洁、快速。接着用 40 分钟左右完成效果图或者鸟瞰图的绘制，效果图（鸟瞰图）的绘制相比剖立面图复杂，可以略下功夫，但是不宜超时太多，否则会影响效果图的表现。分析图和设计说明各用 10 分钟，这样全图线稿就画完了，线稿大约占用三分之二的时间。接下来就是上色，使用 60 分钟左右，大约占用三分之一的时间。最后，务必留 10 分钟完成最后的补充工作，主要包括检查画面，画上标题和图框。

6 小时快题

6 小时快题和 3 小时快题的时间分配形式类似。在考试开始后 20 分钟左右，需要完成方案构思，并在之后的 40 分钟内完成平面图的线稿。在 30 分钟甚至更短时间内完成剖立面图的绘制。接着用 90 分钟左右完成效果图的绘制，因为一般 6 小时快题考试要求用 A1 图纸，画面较大，可以适当增加时间。分析图和设计说明分别用 30 分钟和 20 分钟，线稿整体控制在 4 小时之内，剩下的 2 个多小时用来上色和完善画面。同学们没有必要死守时间表来作画，而是要根据自己考场方案的实际情况，灵活做出改变。时间分配的原则是不缺图。如果方案构思时间有点长，可以适当压缩画平面图和剖立面图的时间。如果前期作画很顺利，余下一些时间，也不要懈怠，务必按照正常速度继续作画。切忌考场上因为时间问题而慌乱，冷静应对考试中的突发情况才是根本之道。

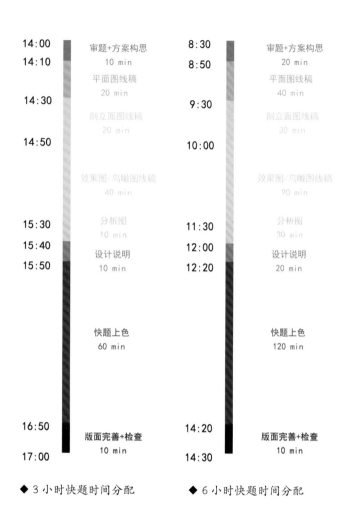

◆ 3 小时快题时间分配　　　　◆ 6 小时快题时间分配

11.2 真题模拟与评析

11.2.1 校园景观设计

题目：校园景观设计。

1. 用地概况

基地位于图书馆西侧，用地面积约 4900 平方米，设计范围呈 L 形。绿地一侧为图书馆阅览室，应保证阅览室不受噪声干扰。北侧是校园集散广场，东侧为教学主楼。在整体设计风格上须反映大学生的青春活力，整体设计的绿地率应大于等于 45%。同时需要满足歌舞部、轮滑部、活动部等学生社团活动的需求。

2. 规划设计要求

（1）设计须考虑用地周围环境条件，合理安排功能，尺度适宜，满足学生休闲活动的需求，并巧妙解决交通功能与整体布局问题，南北道路必须相通。

（2）要求主题突出，风格明显，体现时代气息与校园文化特色，形成一个开放性公共空间。

（3）植物配置应结合南京自然条件而选择树种，营造植物景观。

3. 设计内容

1）总体设计要求

（1）总平面图比例为 1∶250，标注主要景点、景观设施及场地相对标高。（50 分）

（2）总体鸟瞰效果图不小于 A4 图幅。（40 分）

（3）设计说明（150~200 字）和相应的技术经济指标。（10 分）

2）局部详细设计要求

自选不小于 100 平方米的局部地段，完成硬质景观与植物配置详细设计，地段内至少应包含一个园林小品建筑或构筑物（如亭、景墙等）。平面图比例为 1∶100，并标注主要铺装面材材质、植物名称。（30 分）

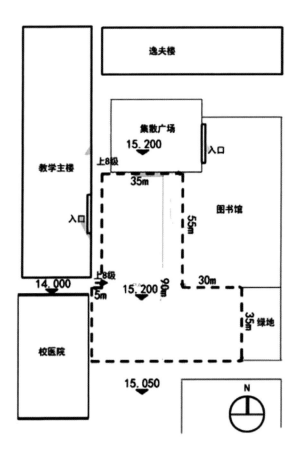

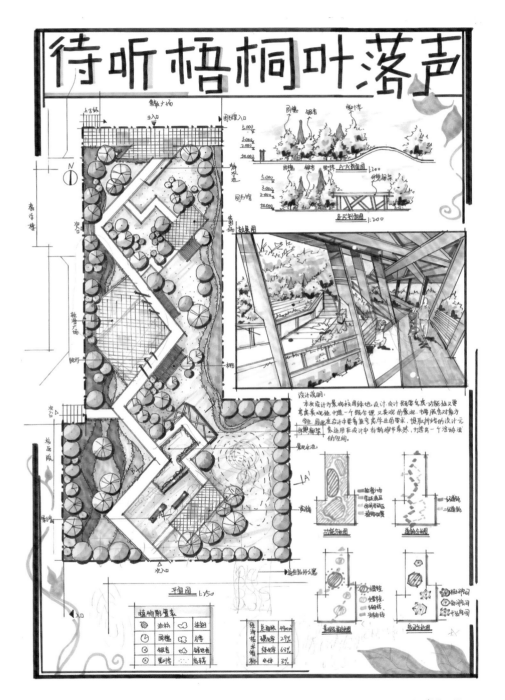

待听梧桐叶落声

◆ 裴文 绘

名师点评

该方案采用了竖构图，用折线进行分割，用曲线和树的灵活安排打破了规矩的形式感，使画面不显死板；运用了一些装饰元素，使画面丰富、出彩；颜色运用得巧妙，多而不乱。不足之处是平面图的投影面积小，对比不够强烈，整体黑白灰稍显不足。

11.2.2 街头游园景观设计

题目：街头小游园设计。

1. 场地概况

以下是华东某城市街区一角。设计地块（图中打斜线部分）长 100 米宽 50 米，中部有一株胸径 1.2 米的古银杏大树。地块北侧和西侧为宽 20 米的街道，东侧和南侧为居住区。要求在规定的区域内，设计一个以古树保护为附带条件的街头小游园。具体内容上，除考生认为该设计的内容外，还应有厕所 1 座，自行车停车位 50 个。

2. 设计要求

（1）绘图规范、工整、美观，符合园林绘图的一般要求。

（2）能分析场地，并根据场地条件和设计要求确定设计内容。

（3）园林空间整体布局合理，功能完善，景观丰富。

（4）地形、种植设计、园路铺装、建筑、构筑物设计合理，且能体现设计主题和风格。

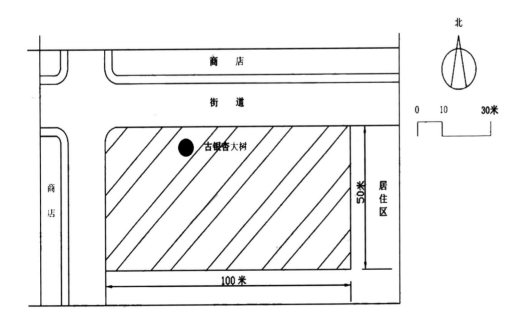

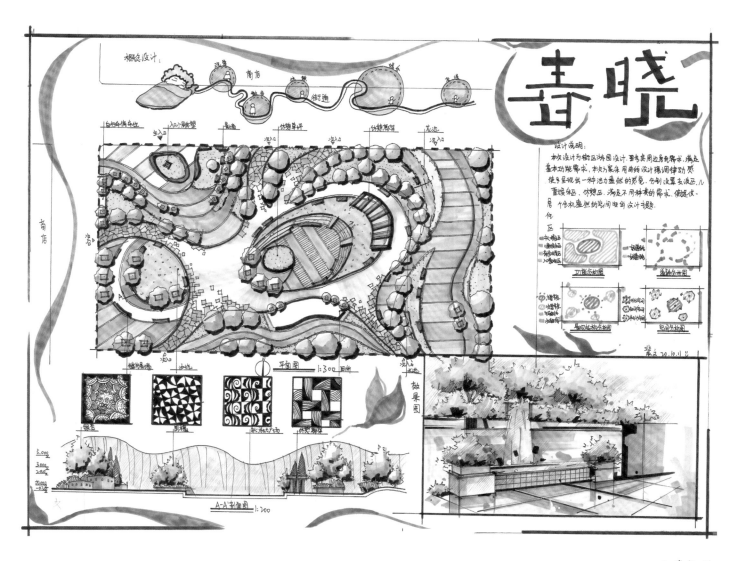

◆ 裴文 绘

名师点评　该方案为城市街头小游园设计，以灵动的曲线作为主要元素对场地进行分割，形成一幅富有活力的画面。图面辅以装饰元素，整体画面效果更佳。不足之处是各分区稍显平均。

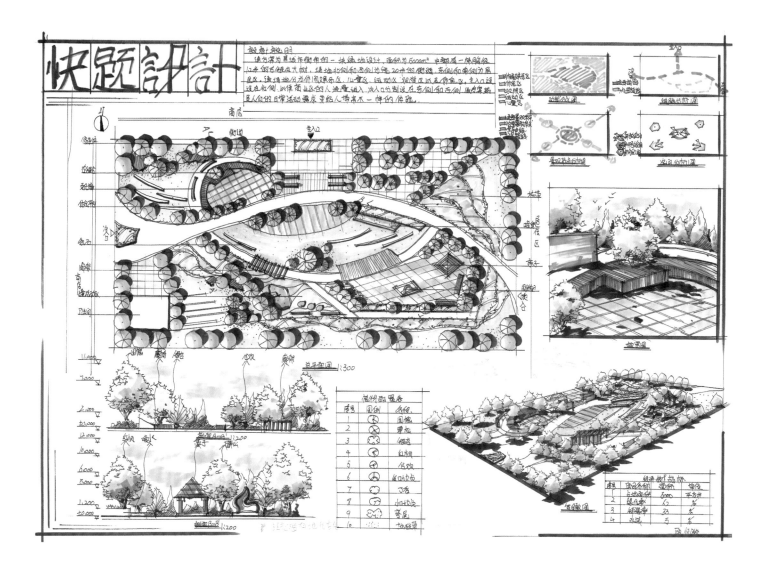

◆ 顾怀娇 绘

名师点评

该方案为城市街头小游园设计，以一条主路完成对场地的分割，主入口结合集散广场形成一个开敞空间，画面感既整体又丰富。不足之处是下部空间内容过多，有些凌乱。

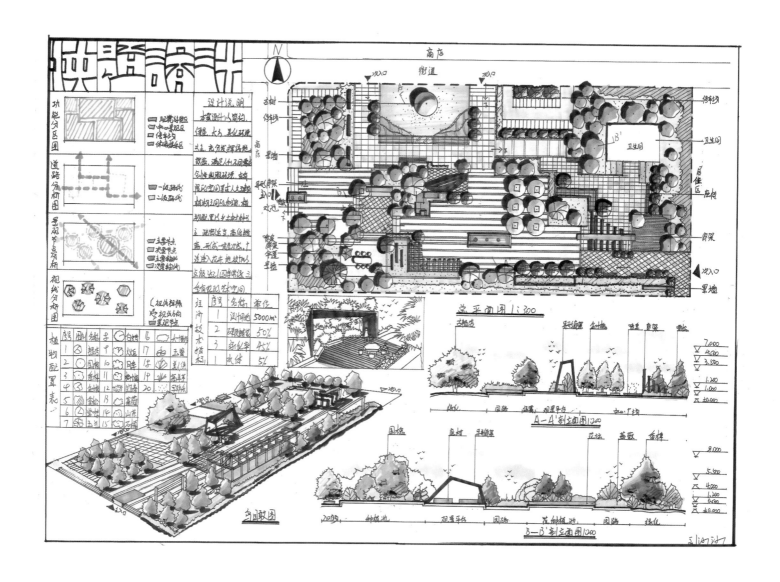

景观快题设计表现方法与案例评析

◆ 刘沙沙 绘

名师点评
该方案为城市街头小广场设计，以规则式的线条对场地进行分割，划分不同的功能空间，整体画面给人庄重大气的感觉。不足之处是都以直线分割画面，略显呆板。

11.2.3 城市公园景观设计

题目 1：公园城市与健康生活。

1. 设计背景

新冠肺炎疫情之下，正常的社会生活、生产秩序受到重大影响。统筹生产、生活、生态三大空间布局，实现人与自然和谐共处，创建生态宜居、健康美好、卫生安全的城市生活环境，成为风景园林人关注的焦点。公园城市将公园形态与城市空间有机融合，生产、生活、生态空间相宜，自然、经济、社会、人文相融，人、城、境、业高度和谐统一。全面建成美丽宜居、安全卫生的公园城市契合当今时代发展的需求，也是实现健康生活的重要保障。场地位于华北某城市，规划面积约 4 公顷，北侧为城市主干道与东侧高架桥相接，西侧和南侧为居住区，场地东南角为原有公园足球场，东侧为滨水绿地。

2. 设计要求

（1）应处理好交通和整体布局的关系。

（2）为设计主题命名。

（3）图面效果表现丰富。

（4）应处理好和周围环境的关系。

3. 图纸要求

总平面图（比例自定），分析图若干，设计说明 200 字，植物分析图，园林构筑物平面图、立面图、剖面图（比例 1 ∶ 100）、效果图，鸟瞰图或三张效果图。

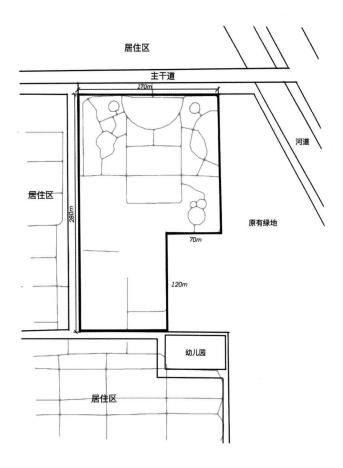

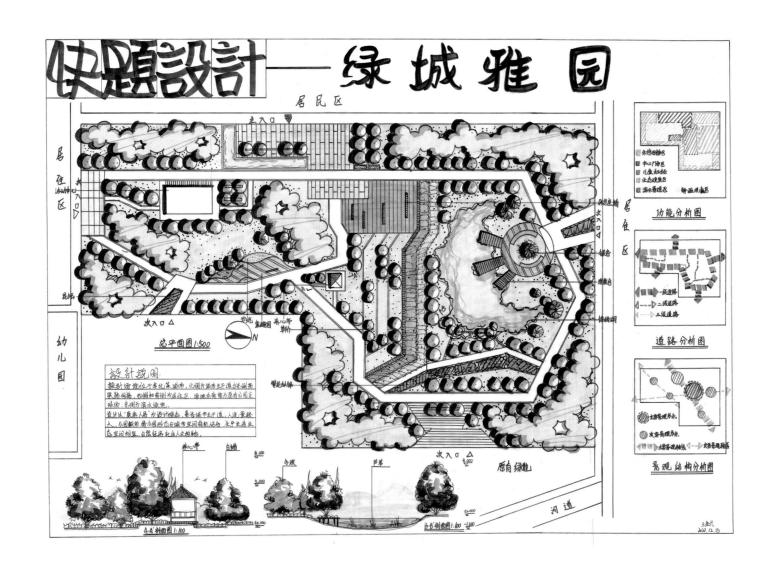

快题设计——绿城雅园

居民区

居住活动区

幼儿园

主入口

次入口 △

总平面图1:500

设计说明

次入口 △

原有绿地

河道

◆ 王金凡 绘

功能分析图

道路分析图

景观结构分析图

A-A'剖面图1:100

B-B'剖面图1:100

名师点评

该方案为公园景观设计，设计主题不限。整体性较强，平面方案采用直线与斜线的切割方式。突出了环路与支路的结合，整体表现干净、整洁，局部节点设计丰富。不足之处是花径的形式过于单一，剖面图的表现较为粗糙。

快题设计——共享城市公园

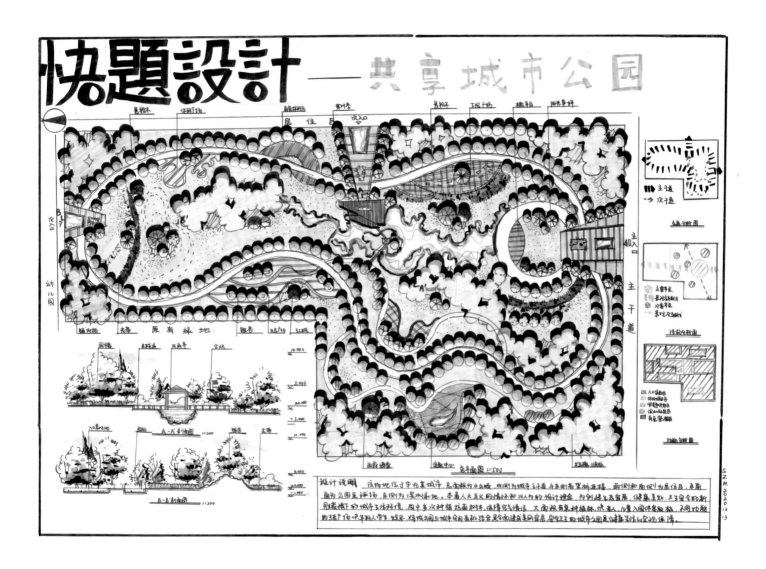

◆ 孙知敏 绘

名师点评
该方案为城市公园景观设计，设计主题不限。整体性较强，平面方案采用环形主路结合节点场地。突出了环路与场地的结合，整体表现丰富、自然。不足之处是行道树形式过于单一，硬质场地略小。

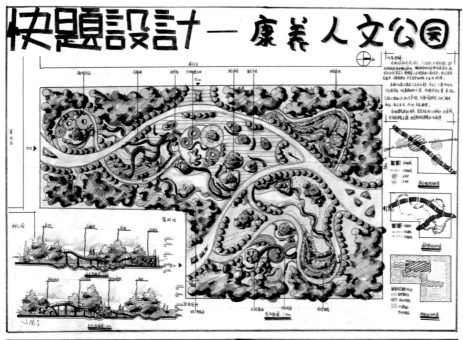

◆ 张梦丽 绘

名师点评

该方案为康养公园景观设计，设计主题为老年休闲。整体较为灵动，平面方案以核心场地为主，配合周边小场地形成整体布局，突出了核心景观的重要性。不足之处是整体画面略微有些凌乱。

题目2：城市公园设计。

1. 概况

南方某城市拟修建一个小公园，为城市居民服务，用地面积约2.76公顷（环境位置见下图）。基地地势平坦，无可利用的绿化植物。用地外围的东面和西面为规划道路，南面为政府办公楼前绿地，北面为规划的篮球场、网球场等体育运动场地。

2. 要求完成内容

（1）图面表现正确、清楚，符合设计制图要求。

（2）各种园林要素或素材表现恰当。

（3）充分考虑园林环境与功能的要求，做到功能合理。

景观设计考研真题模拟训练

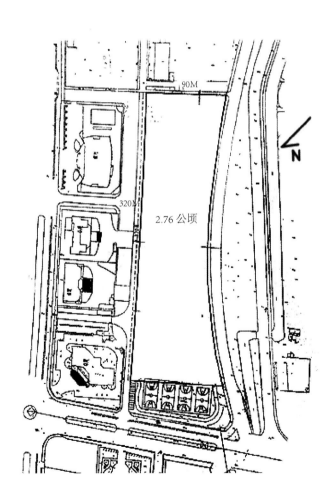

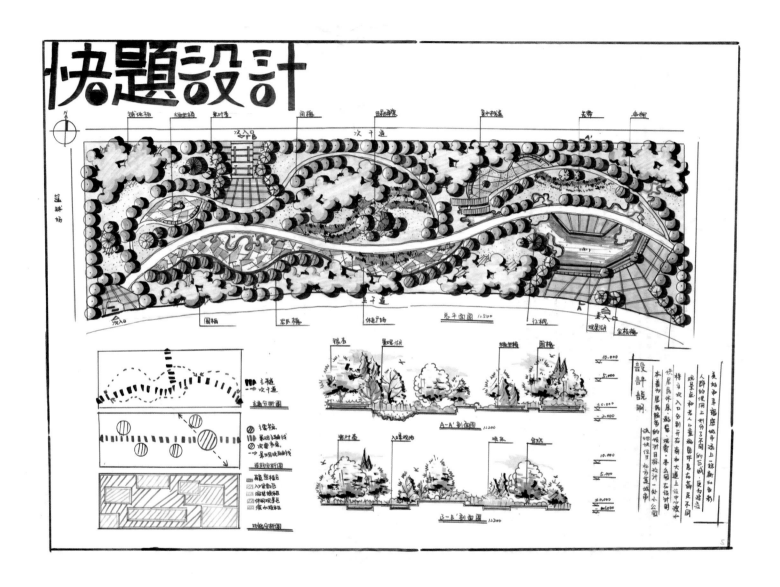

快题设计

◆ 孙知敏 绘

名师点评 该方案为城市公园设计，整体构图饱满、富有张力，以一条主路贯穿整个场地，辅以二级路构成整个场地的空间结构。不足之处是主入口作为核心节点，体量略小，稍显单薄，不足以支撑整个画面。

快題設計——城市公園

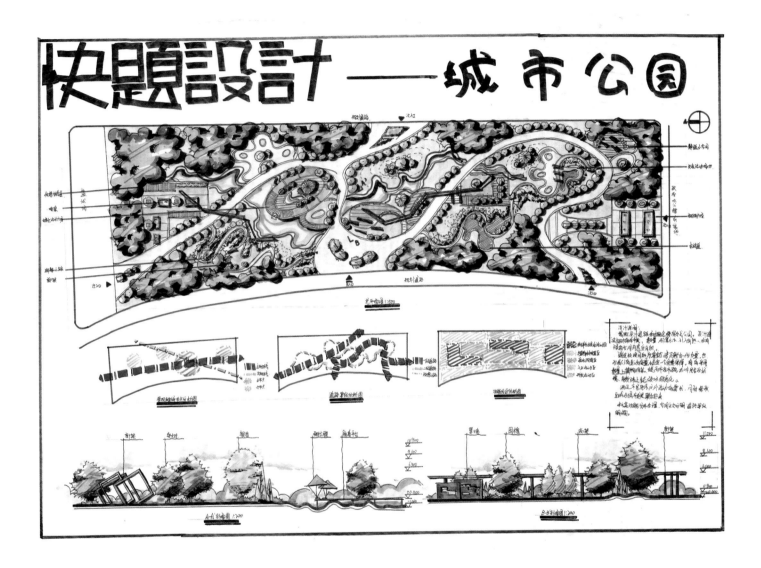

景观设计考研真题模拟训练

◆ 张梦丽 绘

该方案为城市公园设计，引入一条飘带的概念，以一条优美的曲线主路贯穿整个场地，沿途串联节点入口形成一幅富有活力的画面。不足之处是次要节点刻画得太多，整体画面稍显凌乱。

题目 3：城市滨水公园设计。

1. 现状简况

东北地区某城市新区有一处城市公园绿地，城市内河于公园西侧由北向南流经该园，内河水深平均为 2 米，公园用地面积为 4.21 公顷。公园东邻城市主干道，南、北邻城市次干道。公园西侧紧邻某幼儿园，东侧为城市某大型商场，南侧为某新建高档居住区，北侧为城市大型公建——音乐厅。用地内地势自东向西河道处逐渐降低，场地内有一处古城墙遗址及乔木需要保留，具体情况详见下图。

2. 设计要求

根据现状地形特征，建成一座区级开放式综合公园，应满足现代城市新区建设发展和文脉展示等需求，为新区居民提供室外休息、观赏、游憩、运动、避难和交流等充满活力的园林空间。

（1）在现状分析的基础上对公园提出相应的设计主题思想与立意构思。

（2）根据周围环境用地性质确定公园的主要和次要出入口，同时注意满足相关规范要求，避免对城市交通产生影响。

（3）考虑公园立地条件，因地制宜地进行竖向设计，西侧内河水位稳定，可以引用，水岸线根据设计需要可适当调整。

3. 图纸要求

在两张 A1 图纸上完成设计作品，必须包括以下四部分内容：

1）总平面图（80 分）

图纸比例为 1：500，要求彩色手绘，标注相关内容。设计内容包括景色空间组织、地形处理、造园要素布局等。植物配置不需要植物名录，只需区分出植被类型和种植类型。

2）分析图（30 分）

分析图可针对场地现状、规划构思、功能分区、景色分区、空间类型、景观特点和视线关系等内容，图文并茂地表现出即可，绘制比例不限。其中必须有现状分析和分区分析，其余再选 1~3 个分析图。

3）表现图（30 分）

整体鸟瞰图或局部表现图任选其一即可。如绘制鸟瞰图，则要表现出全区鸟瞰图，表现形式不限。如绘制局部表现图，则需绘制至少 2 张表现图，即 1 张局部透视图和 1 张剖面图。透视图透视范围不能小于全区的 30%，并在平面标出视点位置及视线方向。剖面图应选择园内竖向设计最复杂地段进行绘制，并在平面标出剖切位置。

4）设计说明（10 分）

设计说明 200 字左右。

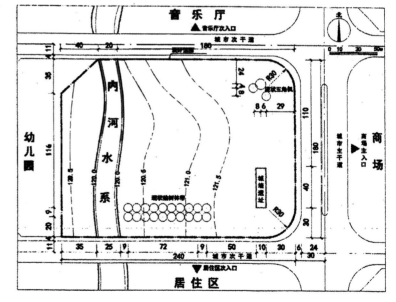

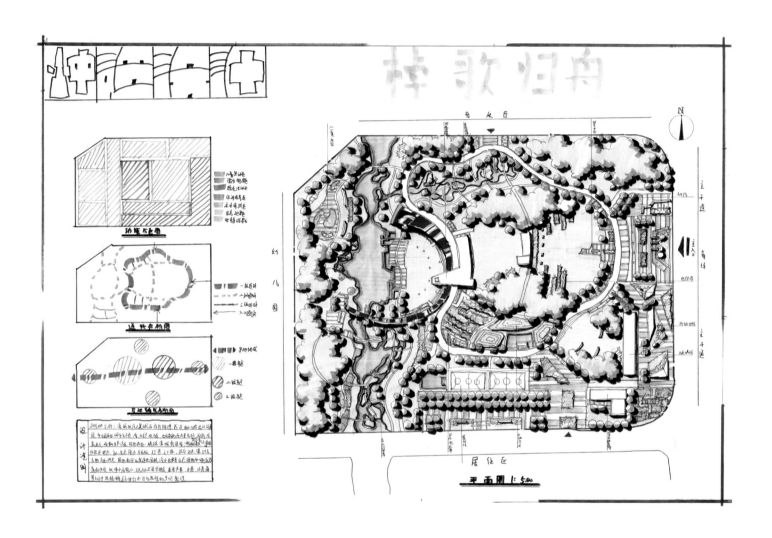

景观设计考研真题模拟训练

◆ 李红娇 绘

名师点评 该方案为城市滨水公园设计，整体画面疏密有致比较协调，在滨水处理上比较大胆，核心观景廊架设计突出、到位，使整个画面富有吸引力。不足之处是水系设计太零碎了，使得画面有些杂乱。

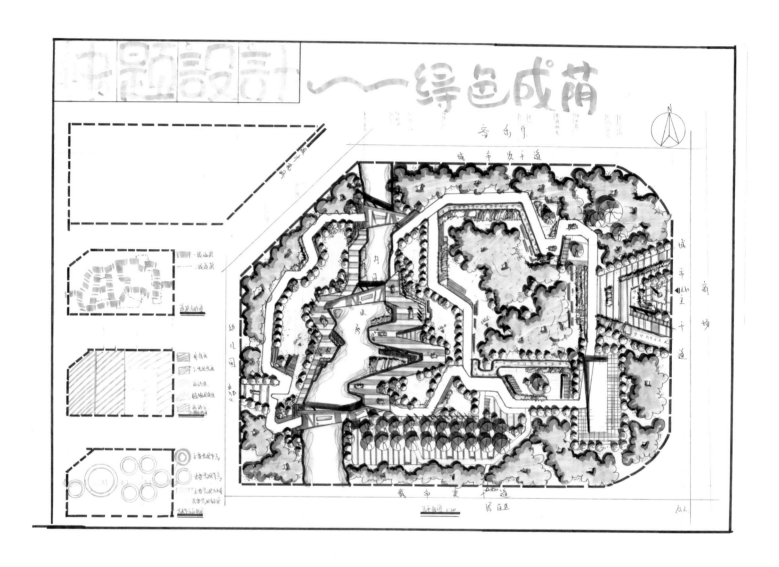

◆ 刘新月 绘

景观快题设计表现方法与案例评析

名师点评

该方案为城市滨水公园设计，使用大量折线元素，使整个画面充满现代的设计感。整体画面构图饱满，充满张力，驳岸设计既统一又有变化。不足之处是整体太满，适当地做些减法可以使画面更有节奏感。

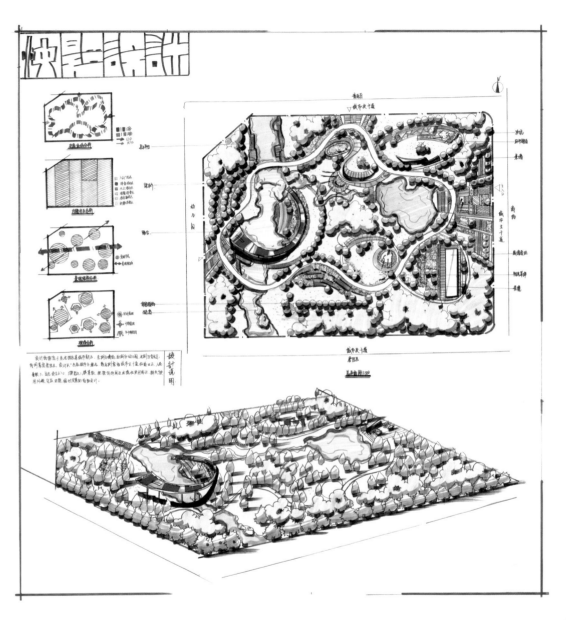

◆ 刘笑蕾 绘

名师点评 该方案为城市滨水公园设计，整体画面构图合理，颜色搭配美观，画面层次感很强。滨水观景廊架设计得很美观，作为画面视觉焦点，比较到位。不足之处是各节点体量有些雷同，可以适当增加一些变化。

11.2.4 社区公园景观设计

题目：社区公园设计。

1. 设计背景

天津市西青区张家窝镇，拟建一小型社区公园，规划面积约为 1.6 公顷。场地地势平坦，除西北侧为办公区，东侧为商业区域外，其他均为居住区。

考生应在现状分析基础上，灵活运用各种景观要素进行设计，使场地满足功能要求，体现优良生态环境的高品质户外空间。

2. 设计要求

（1）突出当地地域特征。

（2）将人文与自然紧密结合。

（3）应处理好交通和整体布局的关系。

3. 图纸要求

总平面图，分析图若干，200 字设计说明，植物分析图，鸟瞰图或效果图。

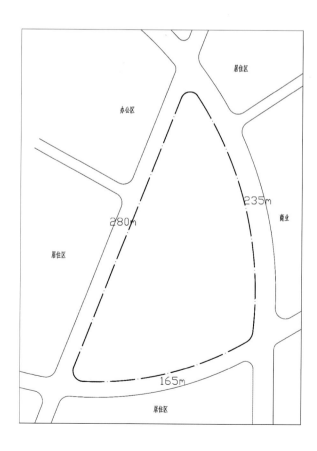

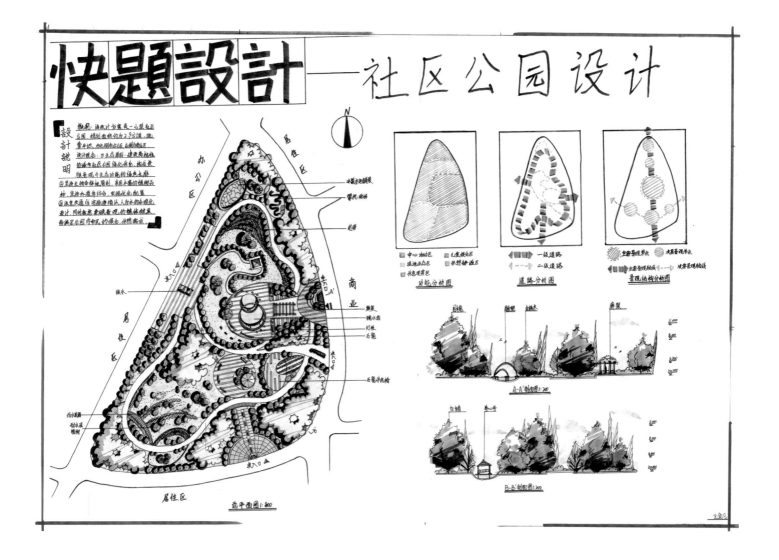

快题設計——社区公园设计

該方案为城市社区公园设计，用一条不规则的曲线主路环绕整个场地，很好地呼应了地块的形状，整体画面内容丰富。不足之处是核心节点不是太突出。

設計說明

N

办公区

居住区

商业

居住区

总平面图1:800

功能分析图
■ 中心水游区
■ 温地生态区
■ 休闲健康区
■ 儿童娱乐区
■ 休憩绿道区

道路分析图
◀▶ 一级道路
---- 二级道路

景观结构分析图
主要景观节点
次要景观节点
主要景观轴线
次要景观轴线

A-A'剖面图1:200

B-B'剖面图1:200

王金凡

名师点评

该方案为城市社区公园设计，用一条不规则的曲线主路环绕整个场地，很好地呼应了地块的形状，整体画面内容丰富。不足之处是核心节点不是太突出。

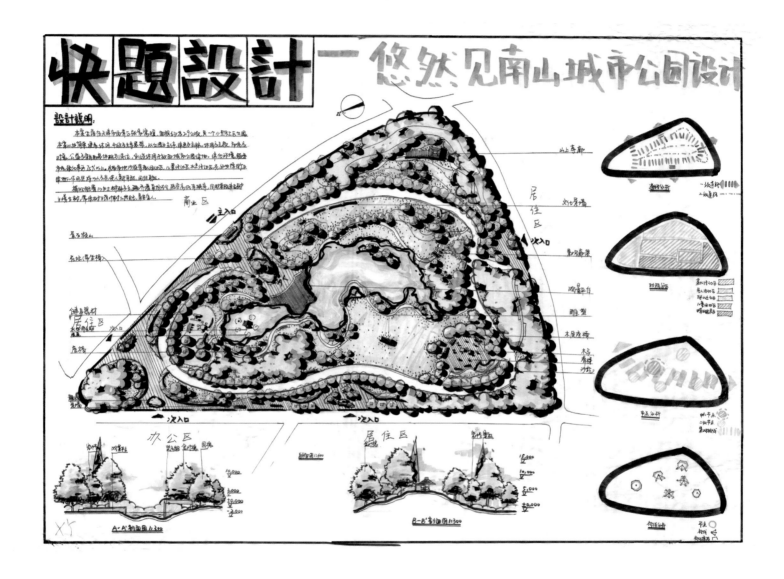

快题设计—悠然见南山城市公园设计

设计说明:

办公区

居住区

A-A'剖面图1:300

B-B'剖面图1:300

◆ 肖莹 绘

名师点评

该方案为城市社区公园设计,在中心设置一个中心湖作为场地的核心景观,结合主入口形成独特的景观轴。围绕水景周围设计不同功能的场地,使画面更聚焦视觉中心。不足之处是太过于突出的绿化使画面周围稍显平淡。

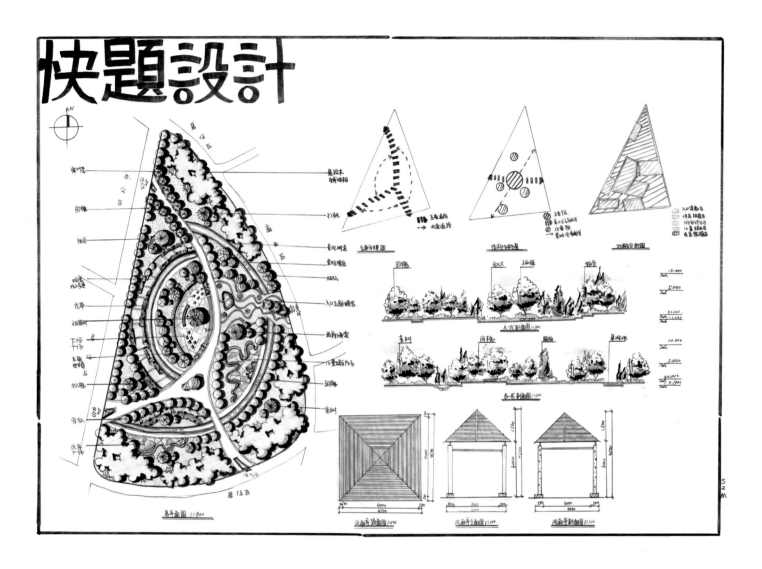

快题设计

景观设计考研真题模拟训练

◆ 孙知敏 绘

名师点评 该方案为城市社区公园设计,在中心设置一个核心景观作为画面的重点,配合周边道路及节点场地,使整个画面具有较强的视觉冲击力,让整个画面的节奏感很好,而且细节处理到位。不足之处是整体画面排版不均衡。

11.2.5 文化广场景观设计

题目：文化广场设计。

1. 基地概况

场地位于南方某省，是当地重要的文化广场。尺寸如下图所示，形状是一个近似直角的三角形。在场地东北角有一个地铁出入口，在地下五米处。此外，场地中有一处大型雕塑，建议保留。场地周边用地主要是商业区与住宅区，西南侧为城市干道，北侧、东侧为次干道，地铁站附近人流量巨大，共享单车停放无序。

2. 设计要求

（1）在场地中规划一处 1000 平方米以上的展览馆，建议做地下建筑，不要求绘制建筑平立剖，只要求画出建筑外轮廓（地下部分用虚线表示），标注出入口。

（2）规划一处咖啡馆，面积为 200~300 平方米，要求配置足够的户外休息空间。不要求绘制平立剖。

（3）规划至少一处共享单车停车场，停放数量、位置自定。

（4）规划一处可容纳至少 100 人的户外剧场，要求配备阶梯形看台。

（5）规划设计完成后，广场、建筑、地铁站出入口、看台等需要形成一个整体。

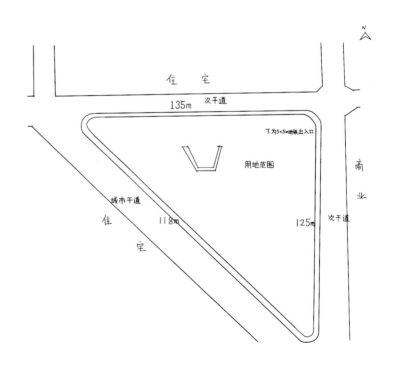

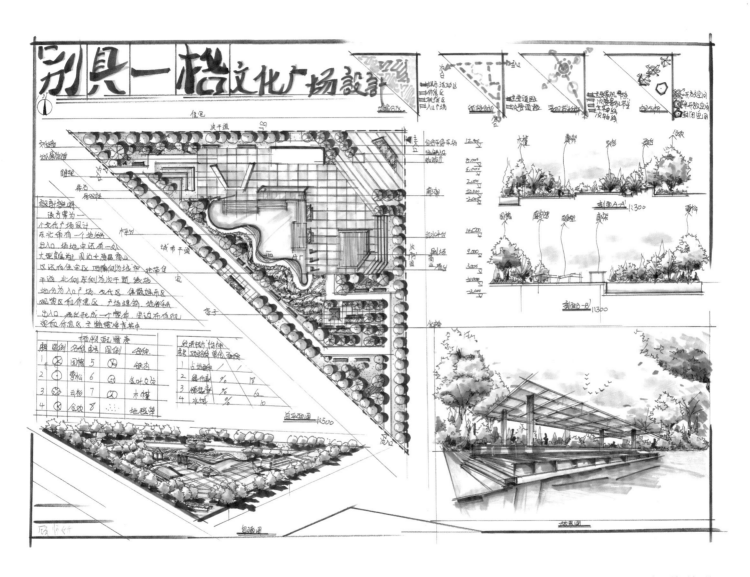

景观设计考研真题模拟训练

◆ 顾怀娇 绘

名师点评

该方案为文化广场景观设计，整体性较强，平面方案采用大尺度、开敞式的主广场作为主体，重点突出中心水景核心景观。不足之处是整张画面排版略显拥挤。

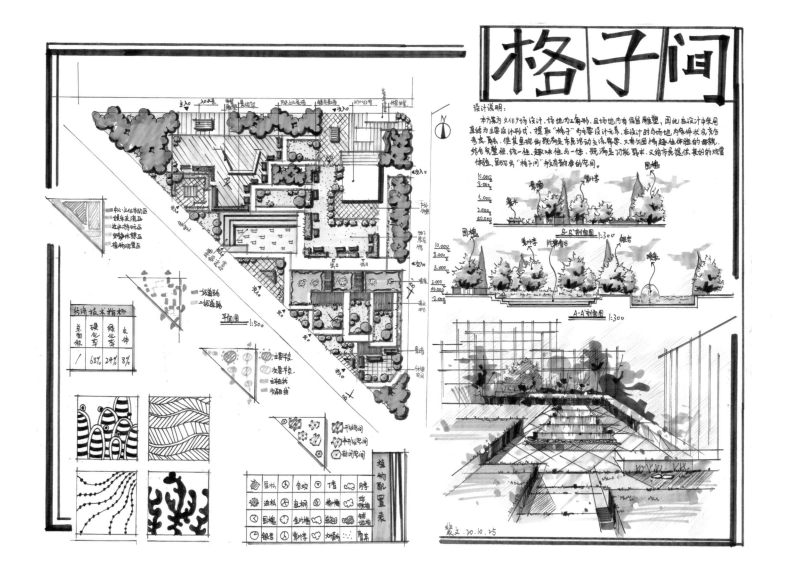

景观快题设计表现方法与案例评析

◆ 裴文 绘

名师点评　该方案为城市文化广场设计，结合场地原有雕塑进行空间布局，分割出不同功能的格子空间，使整个方案充满趣味性。不足之处是不同功能的空间大小有些雷同，主题不突出，稍显凌乱。

144

11.2.6　滨河绿地景观设计

题目 1：滨河绿地景观设计。

1. 基地概况与场地要求

某城市沿河绿地拟进行景观改造，提升市民休闲活动体验，现委托你进行其中一段沿河绿地的园林设计，基地概况具体如下：

基地位于河道南侧，占地约 5000 平方米。北侧河对岸为历史街区，沿河有众多形态优美各异的河房；南侧为建成小区，与基地以 5 米高围墙相隔；基地东端为历史建筑；西端为城市道路。基地内已有叠好的土山、沿河道路，并已建好一座 4 米 ×4 米的方亭，尚未绿化。据记载，原基地土山位置曾经有一座古典园林，部分文字记载如下：

"植松桂已作门，树观柳以届道，背林面水者势高，瞰野望者位正，不改池台，于是加置四亭，合为五所。眷园满地花，从桂半空摧。"

基地北侧的城市河道水位不稳定，其高低水位差约为 1.5 米，常水位离现有堤岸高差 1 米（最小 0.7 米，最大 2.2 米）。沿河有旧码头，必须保留。考虑到南侧小区消防需求，沿河要有 4 米宽消防通道，但车道本身铺装、绿化可按照景观考虑，消防车道需要 90 度转弯进入小区入口。

2. 具体要求

1）利用现有条件，完成沿河道景观设计

结合现荒废绿地，设计一处可供休憩、游玩的游园；游园应与道路景观有机结合；设计应充分呼应两河关系，减少土方工程量；排水道畅通合理，如有可能，应考虑与海绵城市相结合。

2）改造时除消防车道外，尽可能增加绿化面积

现有道路边界可调整，但仍需保留一定面积的硬质广场便于人流活动。

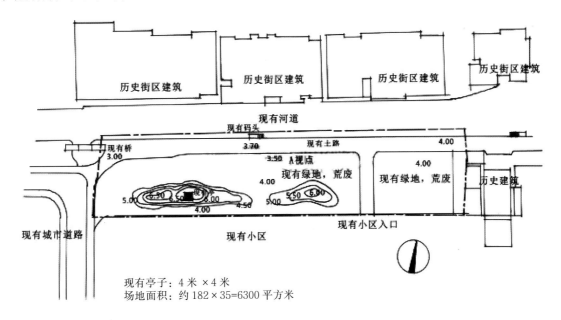

现有亭子：4 米 ×4 米
场地面积：约 182×35=6300 平方米

景观设计考研真题模拟训练

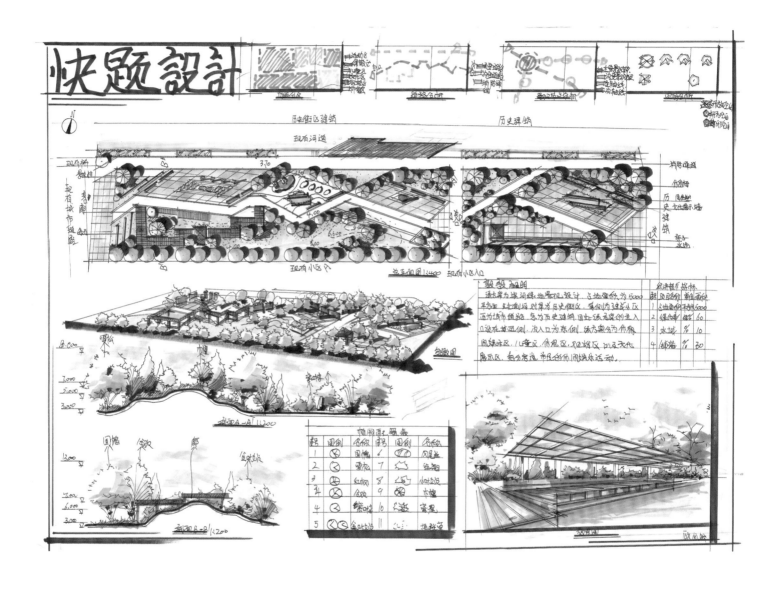

◆ 顾怀娇 绘

名师点评　该方案为滨水绿地设计，以一条曲折的直线贯穿整个地块，分隔出富有现代感的几何场地，整体画面效果不错。不足之处是河道处理得有些简单，场地大小没有节奏。

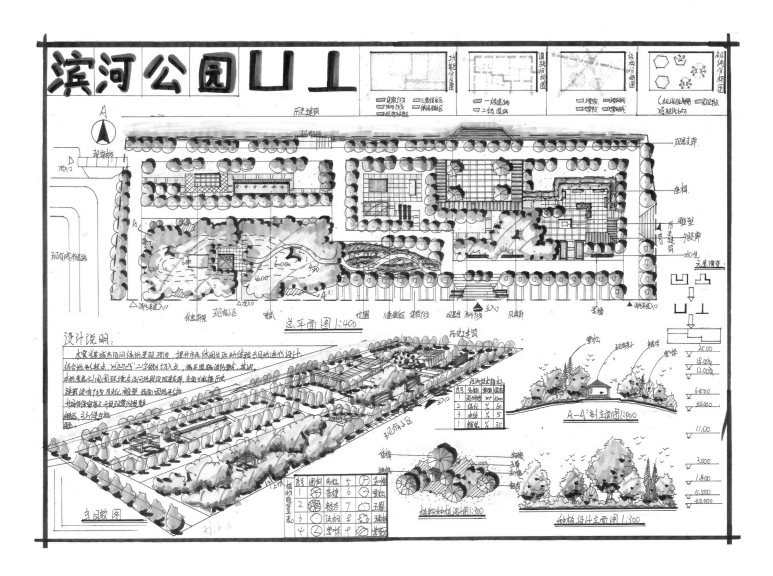

滨河公园

设计说明：

总平面图 1:400

A-A'剖立面图 1:400

植物种植设计图 1:300

种植设计立面图 1:300

◆ 刘沙沙 绘

名师点评　该方案为滨水绿地设计，采用规则式的空间分隔形式对地块进行分割，整体画面很有仪式感。
不足之处是节点大小太过统一，略显呆板。

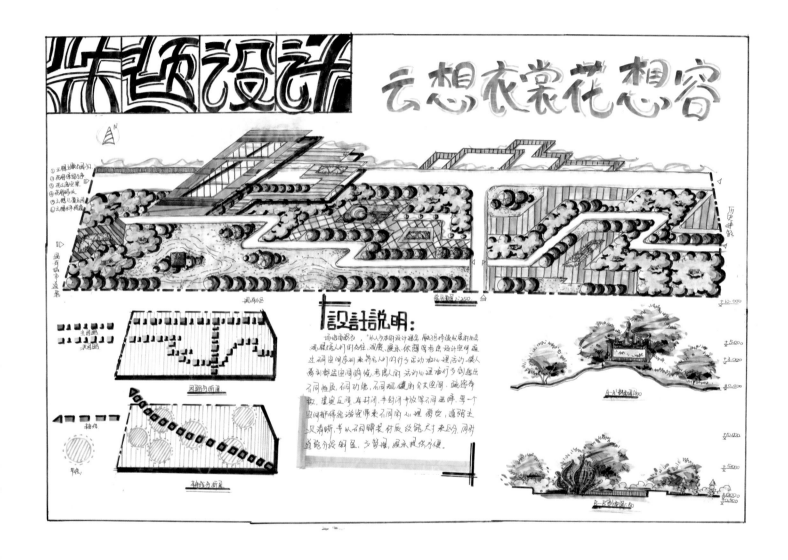

◆ 沈靖 绘

名师点评

该方案为滨水绿地设计，以一条曲折的直线贯穿整个地块，滨水驳岸处理得很大胆。不足之处是滨水步道太过于夸张，浮于形式，节点处理得太过于平淡。

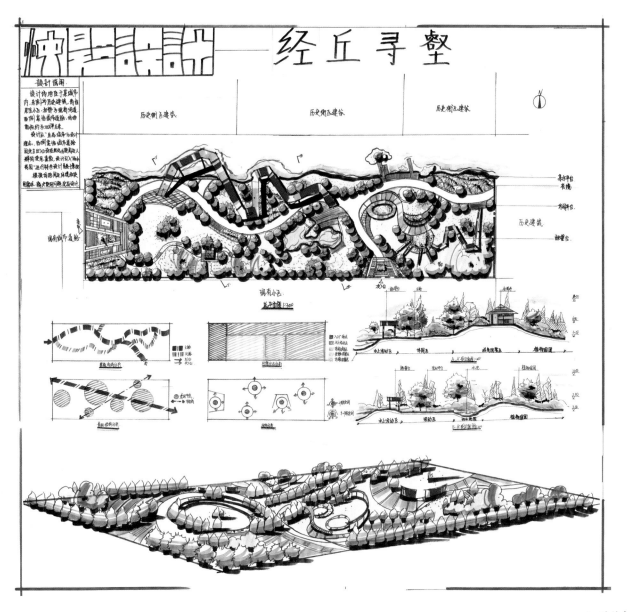

经丘寻壑

历史街区建筑　　　　历史街区建筑　　　　历史街区建筑

◆ 刘笑蕾 绘

名师点评　该方案为滨水绿地设计，以一条曲线形式的主路贯穿整个地块，串联起各节点空间，画面显得很有节奏，驳岸丰富，观景台处理得大胆、美观。不足之处是画面稍显混乱，排版不太合理。

景观设计考研真题模拟训练

题目 2：滨水城市绿地设计。

1. 基地现状及设计要求

设计基地位于江南某城市工业园区内，城市河道从中穿越（水质为国家地表水 5 类），配合城市水环境整治工程，河道两岸用地拟改建成城市公共开放空间。

基地北临城市住宅区的出入口，南接工业园区的办公区，南、北、西三面由城市道路环绕。基地内杂草丛生，现有废弃的旧仓库、城市旧工业码头（现为垃圾堆场），环境质量总体较差。现拟改建成城市公共绿地，作为城市滨水公共开放空间的有机组成部分。基地总面积为 17500 平方米。

2. 成果要求

总平面图（比例为 1∶500，彩色），相关分析图，效果图，设计说明（包含现状分析与拟解决的关键问题、改造策略等）。

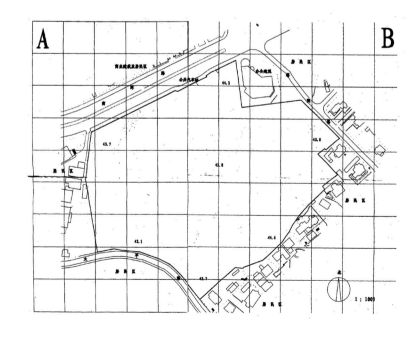

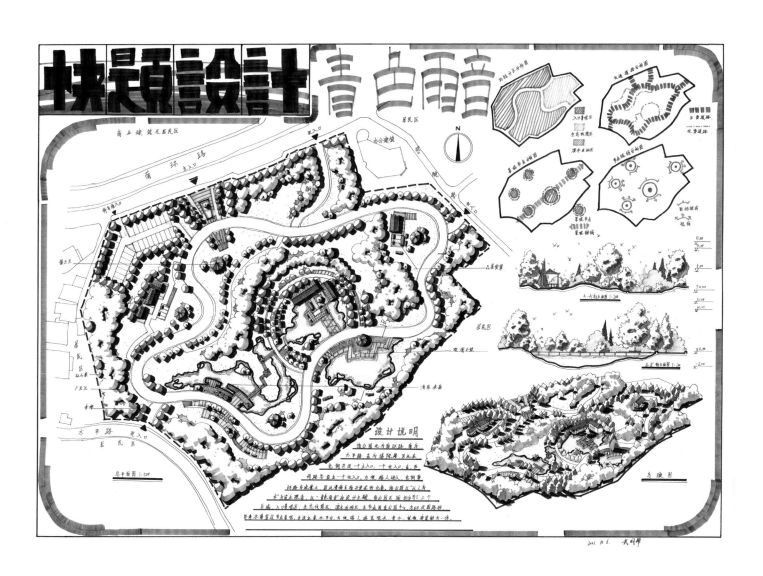

◆ 武明辉 绘

名师点评

该方案整体画面饱满、丰富；主观地增加了一些修饰，根据图面来美化画面，这一点值得学生学习。不足之处是大面积使用的这个绿色会使画面显脏；可以选择一些暖色来丰富画面效果，视觉冲击力不够强。

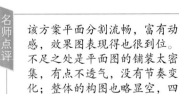

名师点评

该方案平面分割流畅，富有动感，效果图表现得也很到位。不足之处是平面图的铺装太密集，有点不透气，没有节奏变化；整体的构图也略显空，四周留白太多，尤其是第二张图；效果图可以适当放大，图的放置可以安排得合理一些。

◆ 刘笑蕾 绘

题目 3：滨水绿地 + 城市广场设计。

结合城市湖滨地段民国历史街区的更新，现需要就文化广场及相邻湖滨绿地进行改造设计。其中滨水地段有一处自来水厂，地块西侧为湖面，地块南北侧为城市公园。东侧隔城市道路，与文化广场相邻。根据城市规划的要求，将拆迁改造自来水厂，将其纳入滨水公园。

1. 设计要求

（1）地块西侧原为自来水厂，占地 1.8 公顷。现将拆迁改造自来水厂，纳入滨水公园。自来水厂建筑质量较差，均可拆除。其中有一处水塔，建议保留。水塔底部直径 8 米，有收分，高约 18 米。东侧为 12 米宽城市道路，西侧为 6000 亩湖面，常水位 28 米。充分利用水塔，合理组织交通，与南北侧的公园衔接，形成滨水绿带的重要节点。地块考虑生态停车场，可容纳 50 辆小车。同时地段内应设置亭廊建筑，规模自拟。

（2）地块东侧，隔着城市道路的地段是在本次规划中专门留下的城市空间，拟设计文化广场，适当考虑以某种方式与滨水绿地衔接。广场中有文化中心建筑南侧及东侧出入口，可考虑在该建筑西侧及北侧也设置出入口，广场预留面积约为 1.3 公顷。注意广场与周边道路和建筑的衔接。

2. 提交成果

总平面图（比例自定，要反映竖向、屋顶平面，植物配置表明主要树种，表现形式不限）；典型剖面图 2 个；亭子平立剖各一个，具体比例根据排版自设（1∶100）；整体鸟瞰图一个；分析图若干；设计说明。

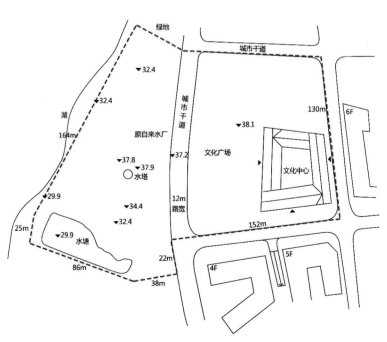

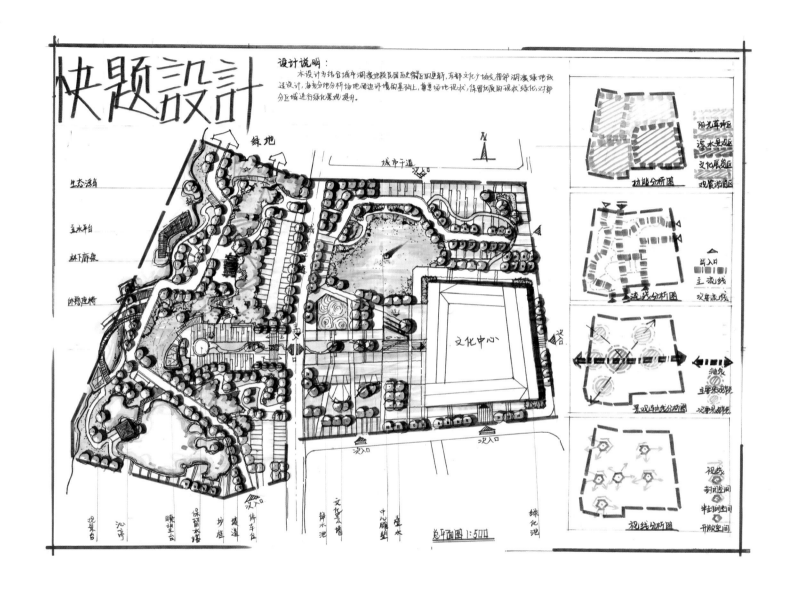

快题設計

设计说明:

本设计为结合城市湖漫地段民国历史街区的更新,东部文化广场紧相邻湖漫绿地做连设计,海构分地分析场地周边环境的基础上,尊重场地现状,保留优质现状绿化,对部分区域进行绿化景观提升。

绿地

生态浮岛

主水平台

林下廊架

休憩连椅

城市干道

文化中心

功能分析图
阳光草坪区
亲水景观区
文化展览区
观演游憩区

流线分析图
出入口
主流线
次要流线

景观轴线分析图
轴线
主要景观线
次要景观线

视线分析图
视线
封闭空间
半封闭空间
开放空间

观景台　沁亭　瞰渠主台　保留水塔　步桥　玻璃　停车位

文化景墙　亲水池　中心雕塑　叠水

绿化池

总平面图 1:500

◆ 薛宇璐 绘

名师点评
这是城市滨水公园与城市广场相结合的一个方案,在市政路两侧能把两个地块很好地连接起来。轴线的序列感也比较不错,整体空间布局也比较合理。不足之处是颜色有些脏,画面没有亮色,稍显暗淡。

棹 歌 归 舟

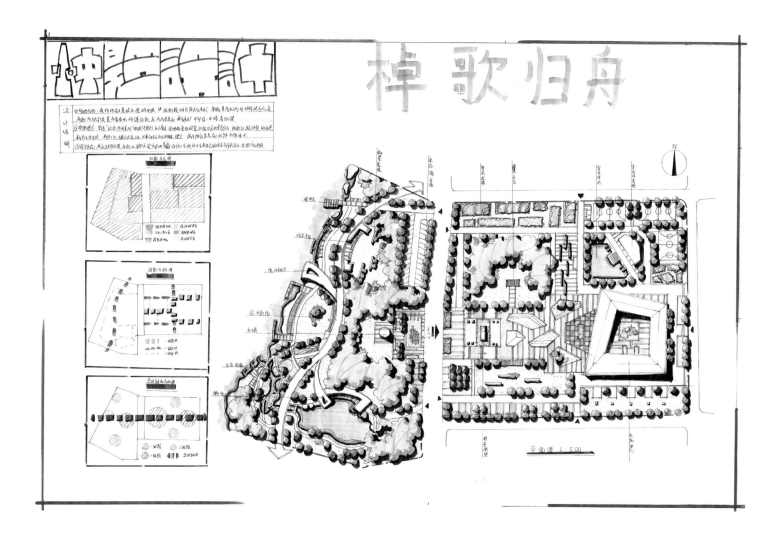

景观设计考研真题模拟训练

◆ 李红娇 绘

名师点评　该方案树的种植很加分，并且用色也比较考究；平面图的一些小分割具有趣味性，曲线和直线的分割相得益彰，不会显得突兀。不足之处是画面不够饱满，除了效果图，其他部分比较单调，可以增加一些颜色进行装饰。

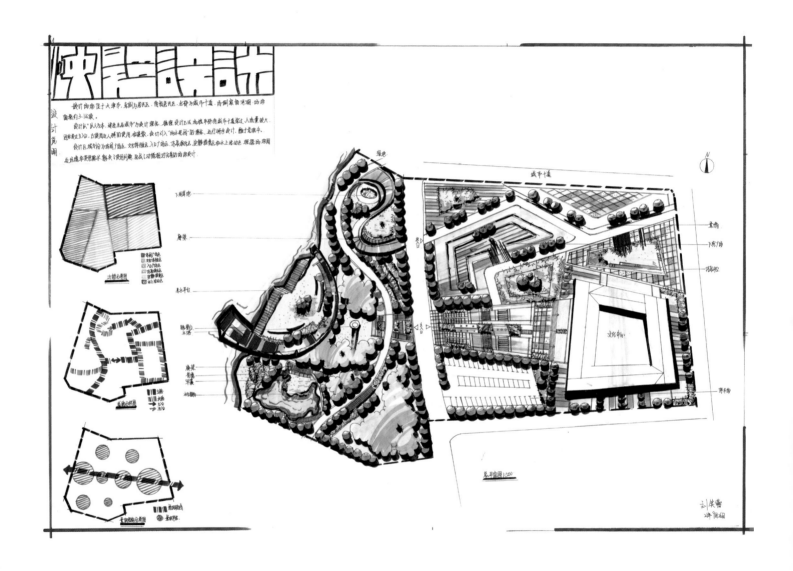

◆ 刘笑蕾 绘

名师点评 该方案用色大胆，尤其是滨水区的一抹红色，使整个画面有了灵气。左半部分的曲线分割很精彩，也比较自然。不足之处是左右两部分的衔接做得不是很好，曲线和直线有点割裂开了，使左右两部分像单独的两幅图，如果在右半部分加一些曲线会和谐很多。

12

优秀快题赏析与临摹

临摹练习是所有考研学生的必经之路，它是学习快题的一种方法和手段。通过临摹优秀的快题作品，从中可以学到很多优秀的经验，并快速掌握快题的绘画规律。

临摹优秀的快题作品时，不是单纯地"复制"，而是应该带有目的性地去学习。每一幅快题作品都不是十全十美的，我们应该取其精华去其糟粕，运用正确的元素，同时摒弃错误的元素，注重手脑并用，提高学习效率。本章展示了众多优秀快题方案，可以从中选择 1~2 幅作品进行临摹。

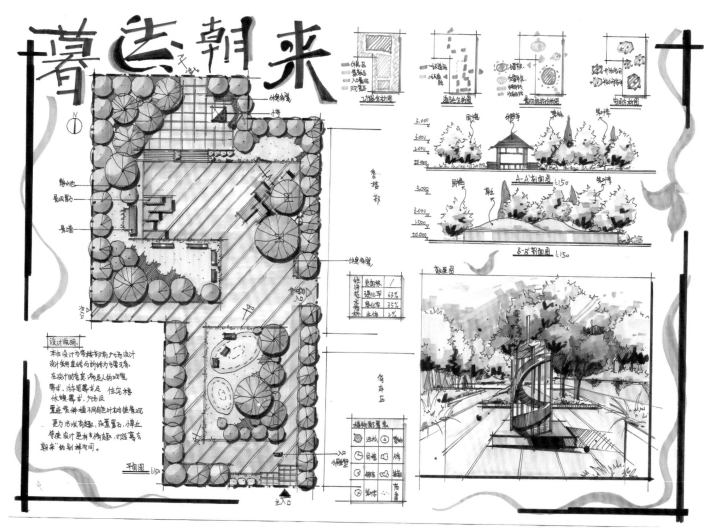

名师点评　该方案为售楼处景观设计，整体设计简洁、大方、美观，主要动线设置合理，平面布局疏密有致，植物搭配合理。缺点是效果图空间感太小，没有表现出该空间的秩序感。整体构图饱满、丰富，剖面图刻画得细致、出彩。

◆ 裴文　绘

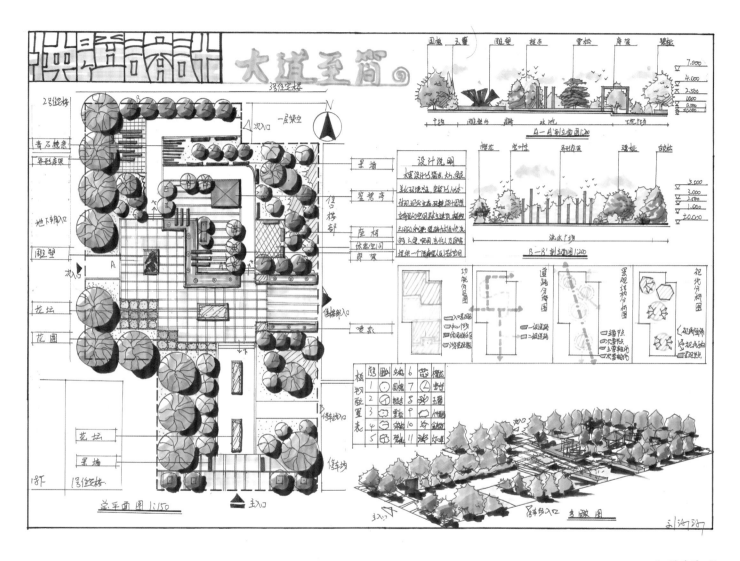

◆ 刘沙沙 绘

该方案为售楼处景观设计，整体构图饱满，色调搭配合理，设计主题以"大道至简"为主基调，道路设置疏密有致，水景的使用较为出彩，其中构筑物的设计增加了空间的丰富程度和互动性。从分析图可以看出整体空间具有良好的视觉观赏点。不足之处是鸟瞰图刻画得不够细致，还需要加强。

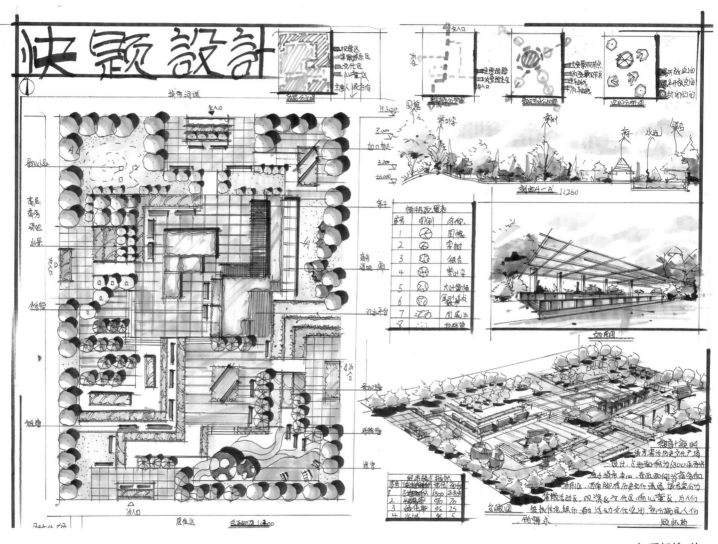

◆ 顾怀娇 绘

名师点评 该方案为城市小庭院设计,虽然整个地块面积不大,但是内容丰富。巧妙地利用绿化铺装分割出不同功能的小空间,丰富的内容使画面看起来小巧而精致。不足之处是稍微有些凌乱,可以适当地做些减法。

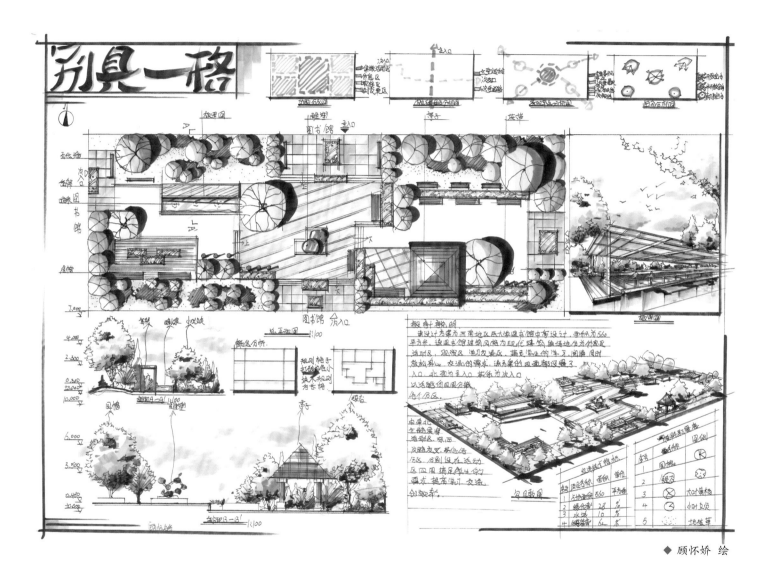

◆ 顾怀娇 绘

名师点评　该方案平面图中的设计元素对比效果强烈，层次感强，构图饱满，视觉冲击力强烈，方案分析也比较充分。整体来看，已经达到了高分卷的标准。不足之处是平面的构筑物数量不够，整个方案显得有点平淡。可以突出方案的亮点，加强主要节点的密集程度。

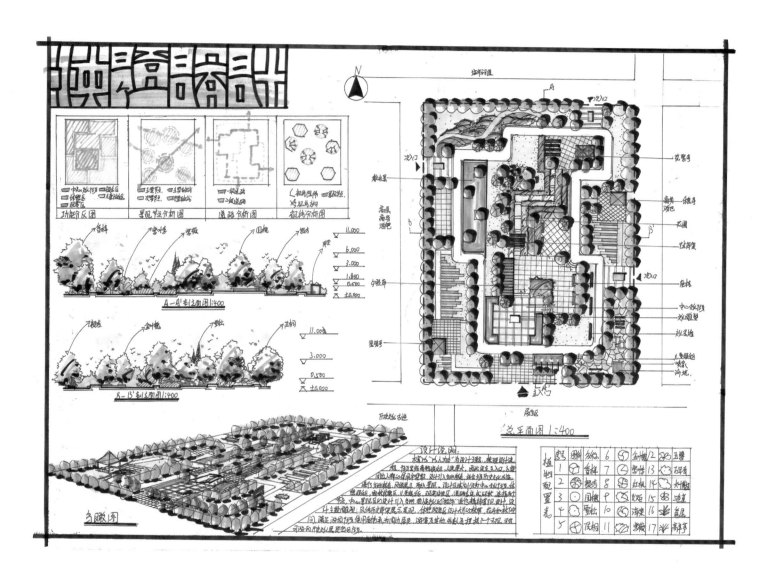

◆ 刘沙沙 绘

该方案为城市小庭院设计，整个地块利用不同大小的矩形空间进行正负形的切割、叠加，使画面饱满，又富有变化。色彩丰富的花为画面增添了亮点。不足之处是画面稍微显得呆板，缺乏灵巧的元素。

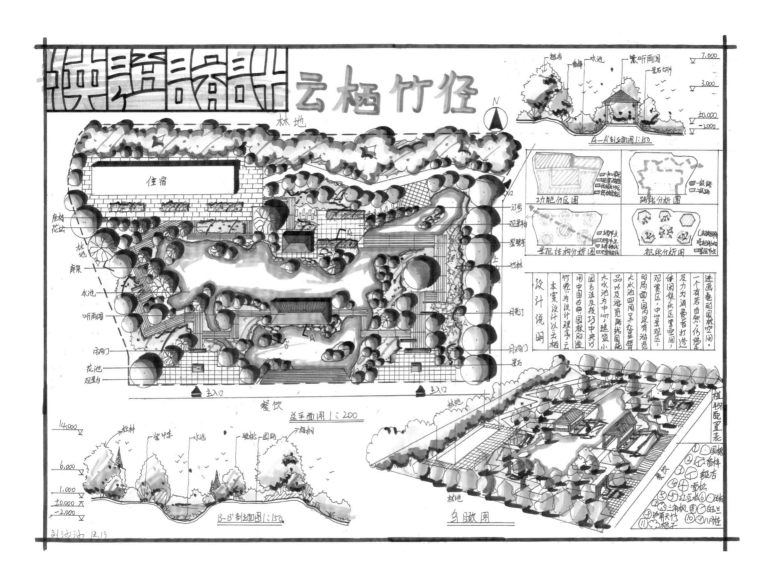

云栖竹径

住宿

林地

餐饮

总平面图 1:200

A-A'剖面图1:150

功能分区图　　　道路分析图

景观结构分析图　　视线分析图

设计说明

B-B'剖面图1:150

鸟瞰图

植物配置表

优秀快题赏析与临摹

◆ 刘沙沙 绘

名师点评

该方案的平面采用了大面积的水景，湖中布置观赏建筑，剖面图表现得比较清楚。不足之处是动线不够流畅，平面铺装略显单调，不够丰富。效果图的画法略显简单，尤其是左侧的树，用色、形状重复，连接在一起了。

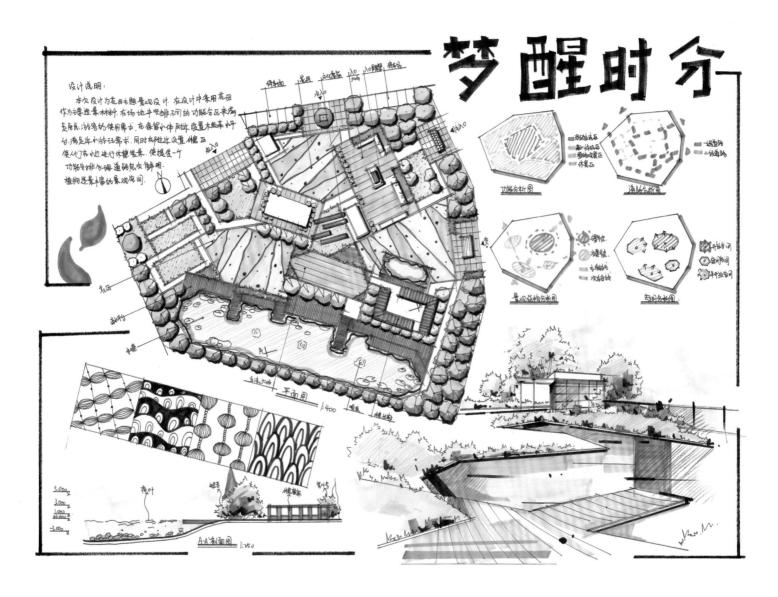

梦醒时分

设计说明:

本次设计为花田主题景观设计。在设计中采用花田作为塑造景观材料。在场地中安排不同的功能分区来满足展览/访客的使用需求。在保留小体块附近设置木做茶水台，满足更多游人茶水卡。同时在附近设置休憩区便人们在此地进行休憩赏景。使每一个功能分区排合调通路疏密鲜明。植物造景与层次赏景观层间。

功能分析图

通路分析图

景观植物分布图

空间分布图

平面图 1:400

A-A剖面图 1:250

◆ 裴文 绘

景观快题设计表现方法与案例评析

名师点评 该方案采用大胆的分割，无序中有序，充满趣味性，色彩运用丰富，主题感强。主观地加了一些黑色边框，使构图饱满。不足之处是效果图做得有些简单，可以深入刻画一些主体物。另外，动线不够明确，应该在平面图里将其突出表现出来。

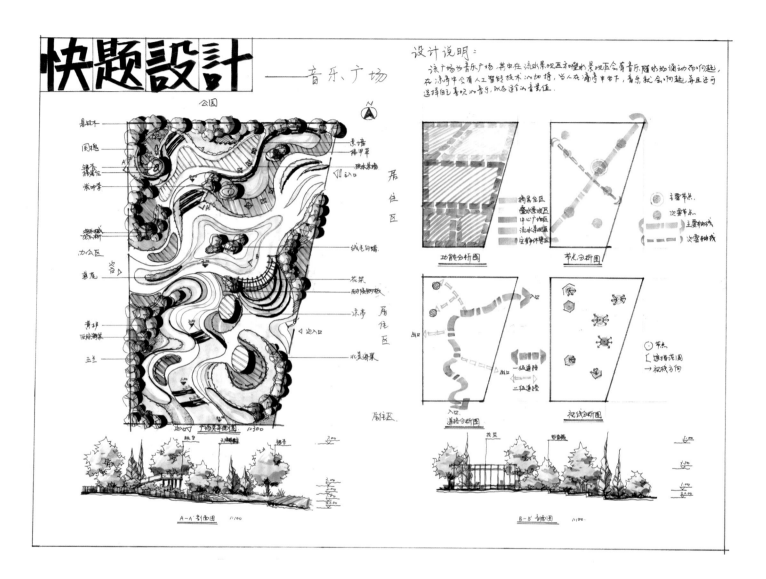

优秀快题赏析与临摹

◆ 牛杰 绘

名师点评

该方案为城市儿童广场设计，整个设计方案应用灵动的曲线来进行构图，使整个画面都充满了活跃的气息。不足之处是整体画面颜色稍显单调，形式有些雷同。

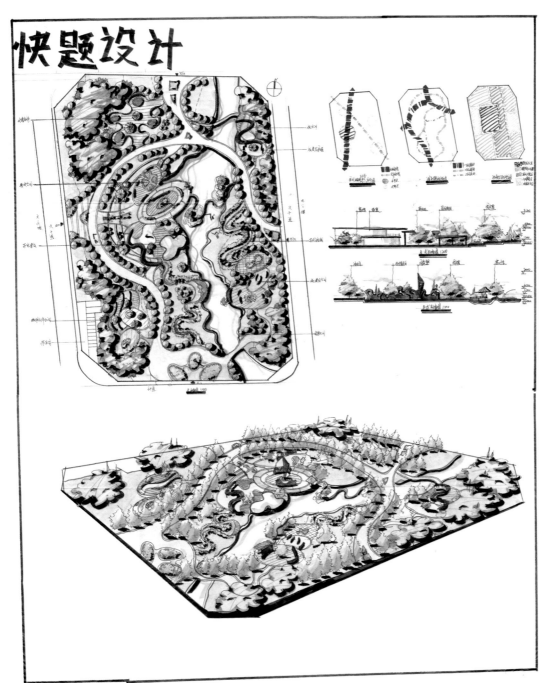

快题设计

◆ 张梦丽 绘

名师点评

该方案为城市滨水公园设计，结合现状河流进行滨水设计，富有变化的驳岸设计使方案增色很多。不足之处是画面主次感稍弱。

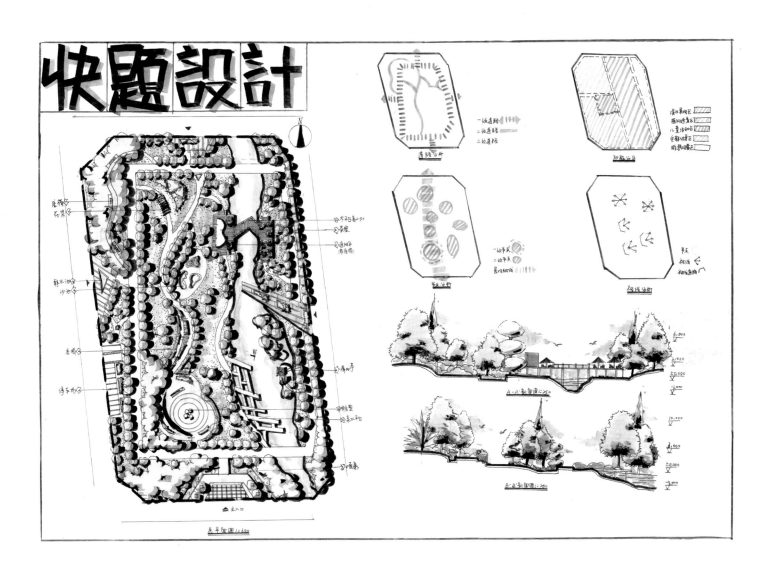

优秀快题赏析与临摹

◆ 肖莹 绘

名师点评

该方案为城市滨水公园设计，结合现状河流进行滨水设计，画面感丰富、饱满，驳岸设计富有变化。不足之处是稍显凌乱，整体画面感略显平淡，主题不突出。

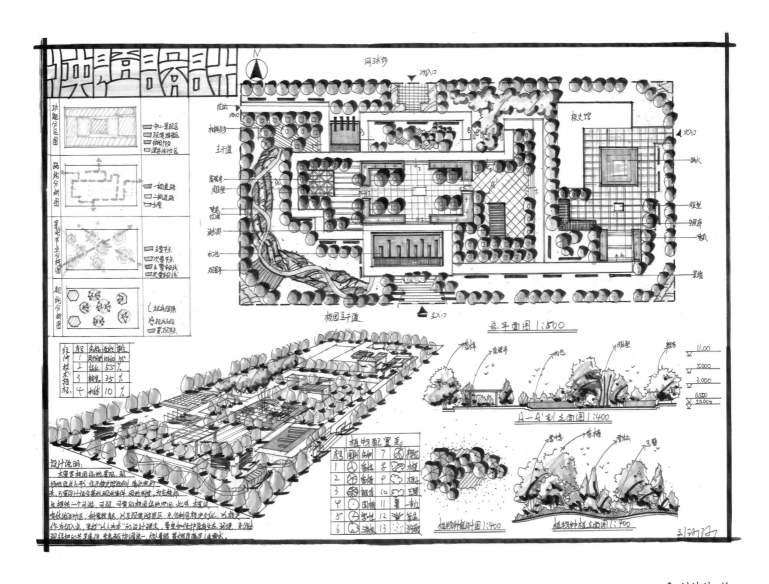

景观快题设计表现方法与案例评析

168

◆ 刘沙沙 绘

名师点评

该方案采用了比较传统的方形划分的形式，用直线进行分割，使画面显得干净、利索，鸟瞰图也表现得到位，整体构图饱满，色调和谐，多采用冷色，点缀了一些暖色。不足之处是缺乏亮点，在平均水平之上，但没有核心竞争力，缺乏一些灵气。

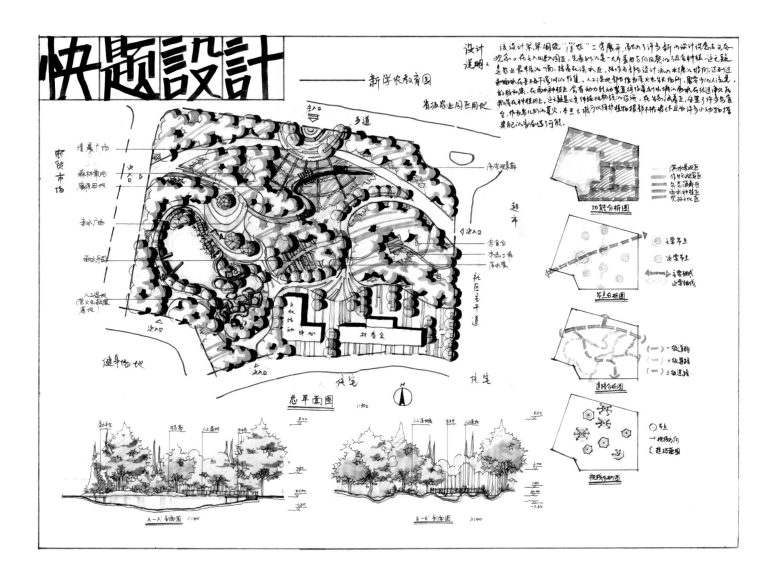

◆ 牛杰 绘

名师点评

该方案的平面图丰富，节点也比较多，在动线设计上花了很多心思，大胆地采用完全曲线的分割，容易得到老师喜爱，剖面图的地形也比较丰富。不足之处是设计说明较为随意，影响了整体画面效果；除了平面图，其他的图黑白灰层次处理不到位。

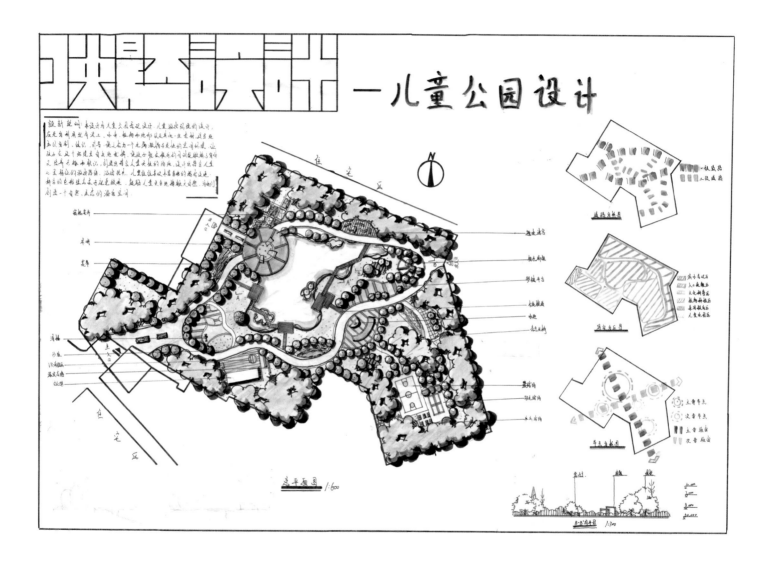

景观快题设计表现方法与案例评析

景观设计 — 儿童公园设计

总平面图 1:600

◆ 单嘉琦 绘

名师点评

该方案本身难度较大，不容易划分功能分区，但这位同学用一条完整的流畅动线把整个平面图贯穿起来，然后再根据动线细化功能分区，非常讨巧。不足之处是湖的周围或湖上缺少构筑物或小景；剖面图比例过小，表现效果稍弱。

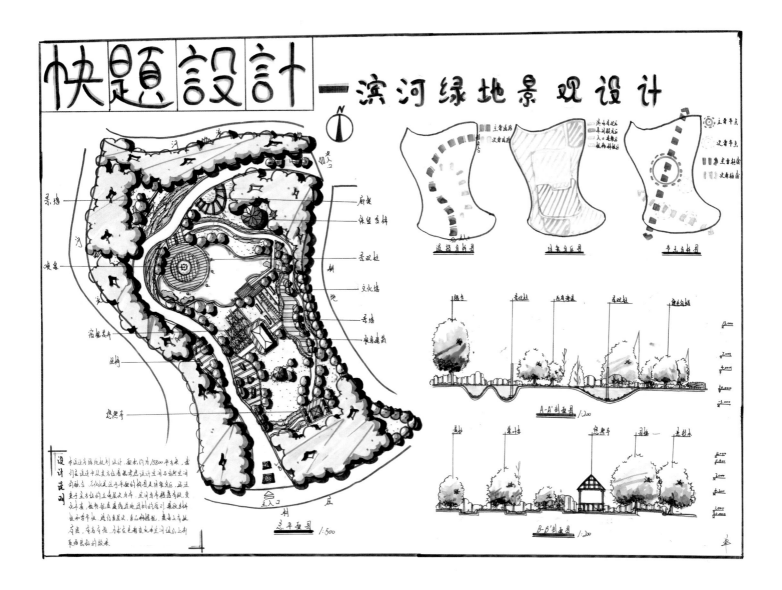

快题設計 — 滨河绿地景观设计

◆ 单嘉琦 绘

名师点评

该方案的平面图细节较多，有值得分析的亮点；在植物搭配上采用了几种不同的颜色，多而不乱；在字体设计上也下了一些功夫，增强了画面的趣味性；主次动线也比较明确。不足之处是整体构图不够饱满，略显简单，可以在剖面图和分析图加一些黑色来增加画面的分量感。

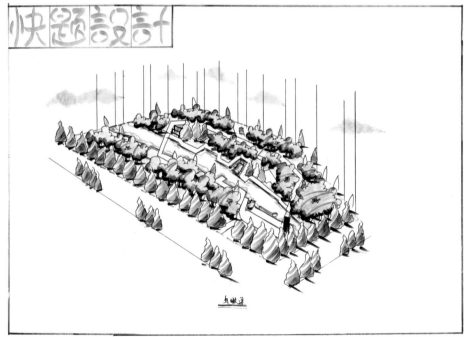

◆ 刘新月 绘

名师点评

该方案的平面图大致为四周密、中间疏，对比强烈，颜色搭配也很灵活、和谐。不足之处是在效果图和立面图的表现上略显浮躁，黑白灰层次处理得不到位，可以适当地增加投影的面积。

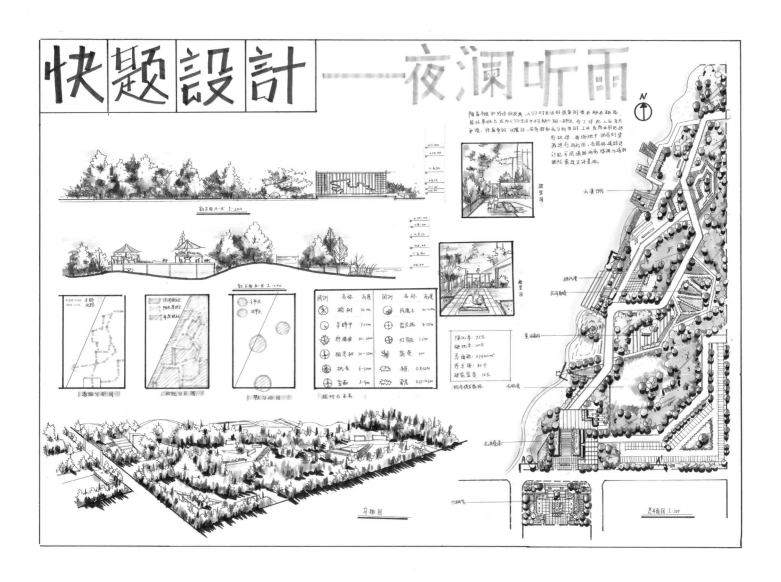

◆ 冯司杰 绘

名师点评 该方案的平面图大致为三角形，虽然方案难度较大，但是此方案表现得很成熟。用折线组成的主动线贯穿整个平面，折线运用得很出彩，在滨海的一面用一些台阶、铺装来自然过渡。不足之处是次动线没有贯穿起来。

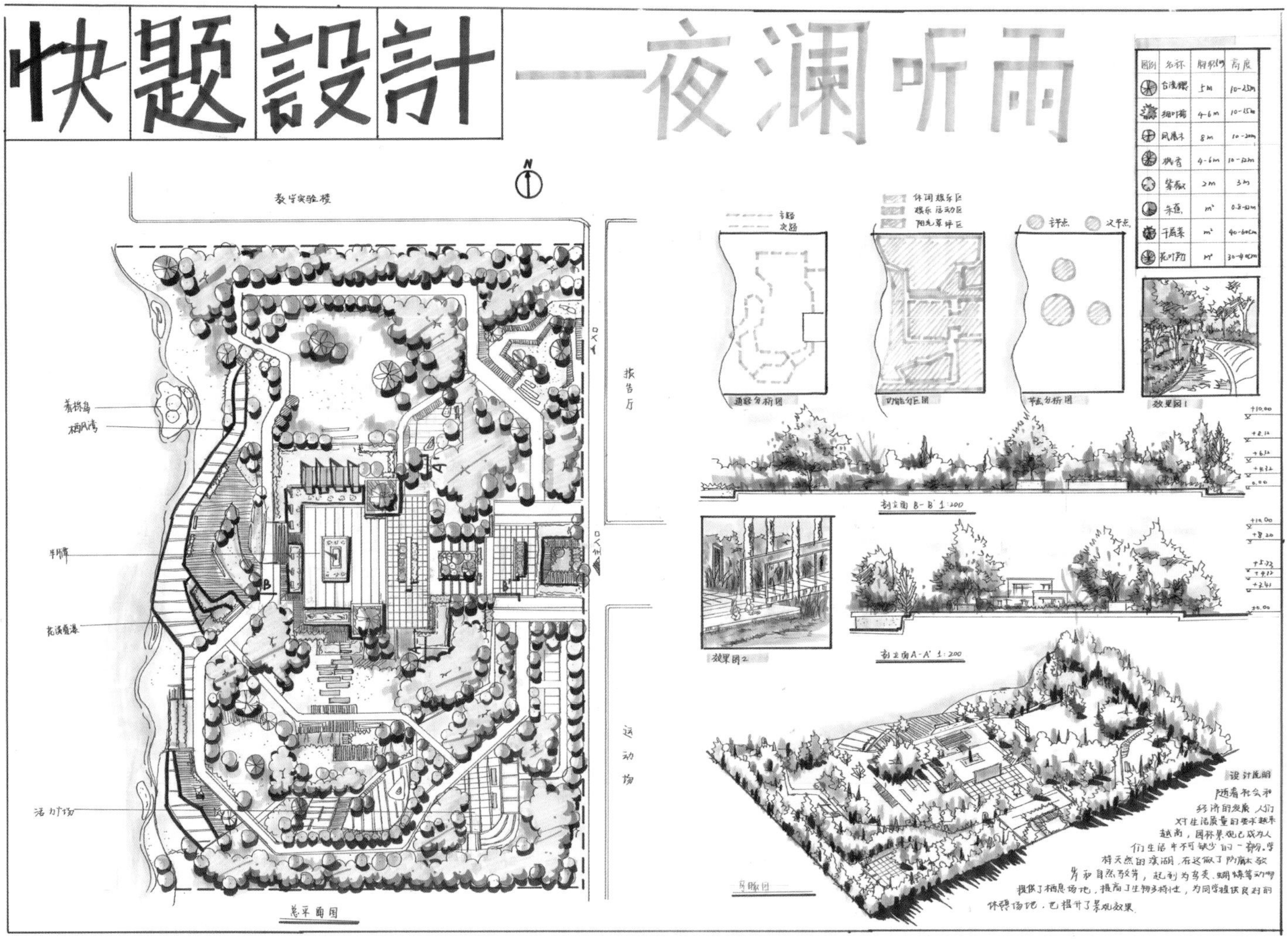

快题設計 一夜澜听雨

◆ 冯司杰 绘

名师点评

该方案为公园景观设计，整体性较强，植物搭配和布置合理。不足之处是方案中缺少一些构筑物，效果图略显单调，可以增加一些景墙遮挡，或者木廊架。可以加宽主动线，和次动线对比明确。用色上，平面图里的黄色有点鲜艳，换一个灰一点的颜色会更合适。

景观快题设计表现方法与案例评析

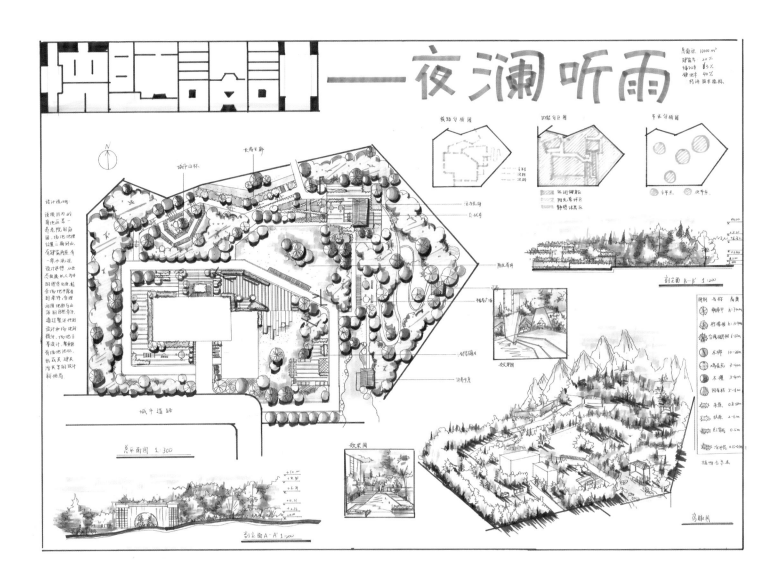

景观设计 —— 夜澜听雨

总面积: 1000m²
建筑率: 20%
绿化率: 85%
硬地率: 40%
经济技术指标。

◆ 冯司杰 绘

名师点评

该方案为公园景观设计，平面图的分割合理，灵活多变，多采用折线进行分割、组合。不足之处是鸟瞰图和立面图的表现技法不够成熟，略显潦草、松散。

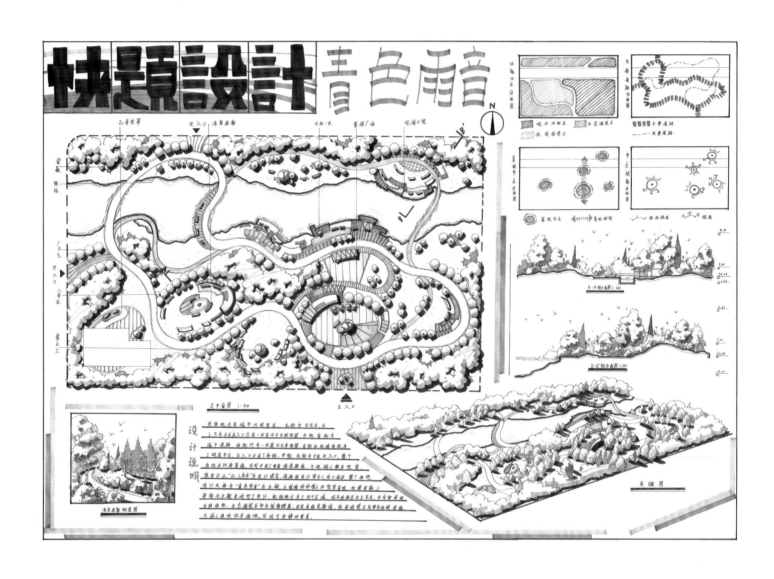

景观快题设计表现方法与案例评析

◆ 武明辉 绘

名师点评
动线流畅，主次分明，视觉冲击力较强，植物的位置放置合理，剖面图起伏多变，有节奏感，整体画面饱满，画面分割合理、巧妙。不足之处是路线安排上可以增加一些次动线连接，在主要节点做高差，增加空间层次感。

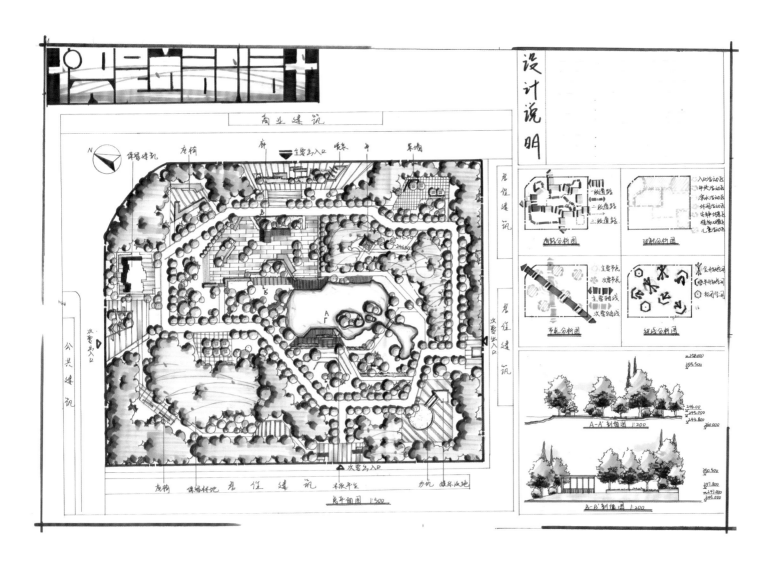

◆ 张子炜 绘

名师点评　该方案整体画面效果比较饱满，主入口结合节点打造画面视觉中心，效果不错，空间结构划分合理，满足不同人群的使用功能。不足之处是行道树种植有些凌乱，水系形状不是很美观。

致 谢

本书至此终告结束，掩卷思量，自身对本书发行的期许与拳拳谢意也尽在不言中。本书对手绘在设计中的重要性及如何在最短的时间内掌握手绘快速表现能力尽力做出了诠释与指导。希望本书能给想要学习手绘的同学带来帮助。在本书编排过程中，编者深刻地感觉到"学海无涯""学无止境"，亦将在不断的学习中不忘初心、砥砺前行。对于本书中的不完善之处，欢迎广大读者提出宝贵意见。

本书能够付梓，特别感谢向本书提供手绘作品的成员，最后要感谢华中科技大学出版社对本书在文字审校、文稿润色、出版安排等方面提供的建议与帮助。

编者

景观快题设计表现方法与案例评析